红富士苹果生产关键技术

汪景彦　王以胜
武雅平　吴思军　编著

金盾出版社

内 容 提 要

本书由中国农业科学院果树研究所研究员汪景彦等编写。作者针对当前红富士苹果生产技术现状，分六个方面介绍了红富士苹果生产存在的问题，红富士苹果早期丰产技术，高产、稳产技术，优质生产技术，几种病害的防治，提高树体抗寒性等。内容针对性强，技术先进。适合广大果农、科技人员和农林学校师生参考使用。

图书在版编目(CIP)数据

红富士苹果生产关键技术/汪景彦，王以胜等编著 . — 北京：金盾出版社，1996.6(2020.4 重印)
　ISBN 978-7-5082-0232-7

　Ⅰ.①红…　Ⅱ.①汪…②王…　Ⅲ.①苹果，红富士-栽培-技术　Ⅳ.①S661.1

金盾出版社出版、总发行

北京市太平路 5 号(地铁万寿路站往南)
邮政编码：100036　电话：68214039　83219215
传真：68276683　网址：www.jdcbs.cn
三河市双峰印刷装订有限公司印刷、装订
各地新华书店经销

开本：787×1092 1/32　印张：5.5　字数：121 千字
2020 年 4 月第 1 版第 12 次印刷
印数：100 001～101 500 册　定价：15.00 元

目　　录

一、红富士苹果生产存在的问题

最近几年,我国红富士苹果栽培面积猛增,1994 年已达 1 111.8多万亩,年产量数百万吨,已成为各苹果产区的主栽品种。但由于新老果区栽植过快,技术培训跟不上,生产者技术经验不足,栽培条件较差,投资能力所限等原因,致使红富士苹果生产严重地存在下述问题:

第一,幼树结果晚。栽后5~6 年结果寥寥,不动手术不结果;即使结果进入丰产期后,大小年也相当严重,有时大年之后,要歇两年,才能在第三年丰产。

第二,果实内质差,外观品质不高(如:果形偏斜,果个偏小,着色不良),缺乏市场竞争能力,影响出口创汇。

第三,病害严重,树势弱,烂果多,损失率达 20%~60%,甚至绝产。另外,果实污染严重,影响食用和出口。

第四,红富士抗寒性差,一遇周期性冻害,就造成果园残缺不全,有的失去经营价值等。

上述这些问题给果农带来了巨大的经济损失,也挫伤了部分果农的生产积极性。我们长年深入苹果产区,体察生产问题,熟悉果农要求,理解群众的心情。在苹果市场十分活跃、竞争激烈的情况下,如何使大面积红富士苹果树早实丰产,稳产优质,提高竞争能力,降低成本,减少损失,增加纯收益,早达"小康"奔大富,是大家的共同愿望和目标。鉴于此,我们在已有资料的基础上,综合近年科技成果,总结各地先进技术经验,针对上述四大难题,详尽地介绍了技术关键、技术途径、措施和方法。这些技术如能切实用于生产,定会在短期内产生理想的生产效果,从而使红富士苹果栽培面目一新。

二、红富士苹果早期丰产技术

近年来,红富士苹果早实丰产园不断涌现,栽植面积逐年剧增。但由于果农技术水平、栽培条件等所限,在生产上便出现了一批适龄不结果园,结果树低产果园。为了消除这类果园,必须总结早实丰产经验,加大果园投资力度,力争在短期内,落实各项技术措施,取得明显的生产效果。

(一)幼树早实丰产优质的树相指标

1. **树龄** 矮砧、短枝型苹果树3～6年生、乔砧苹果树3～8年生、高接苹果枝龄3～5年生。

2. **亩产量** 300～1 000千克。

3. **亩枝量** 1.5～5万个。

4. **亩留花量** 1 800～6 000个。

5. **亩留果量** 1 600～5 000个。

6. **果实质量** 平均单果重200克以上,一级果达80%以上,果实着色面70%以上,果实可溶性固形物含量14%以上。

7. **干周粗度** 距地面30厘米处,乔砧苹果树20厘米以上,矮砧苹果树15厘米以上。

8. **枝类比** 长枝(16厘米以上)、中枝(6～15厘米)、短枝(5厘米以下)之比为2∶1∶7。其中,有效短枝(5片叶以上)占60%以上。

9. **新梢生长量** 15厘米以上的新梢平均长为35厘米左右。

10. **封顶枝** 即 6 月底前新梢停止生长的枝,占全树新梢的 80%左右。

11. **枝果比** 即当年各类新梢总量与果实数量之比,为 5～6∶1。

12. **花、叶芽比** 修剪后计算花芽与叶芽之比为 1∶3～4,或花芽占全树总芽量的 30%左右。

13. **花芽分化率** 剪前全树花芽量占全树总芽量的 25%～30%。

14. **单叶面积** 除基部"豆叶"外,平均单叶面积为 30～38 平方厘米。

15. **叶色值** 按 8 级区分,以 5～5.5 级为宜,叶片呈淡绿色。

16. **叶片含氮量** 7 月份外围新梢的中部叶片含氮 2.3%～2.5%。

(二)适龄不结果、低产的原因分析

红富士苹果是个丰产品种,结果早晚与综合管理条件密切相关。管得好的果园,栽后 3 年结果,5 年丰产,一般亩产 1 000 千克左右,高者 2 400～3 000 千克,6 年生最高达 8 000 千克。但有些果园栽后 4～5 年,成花寥寥,结果无几,其原因主要是:

1. **重栽轻管、盲目栽植** 树苗栽后,没把树当成主业去抓,认为"有苗不愁长,到时候就丰产",仍把主要精力、肥料等放在间作物上,有时把间作物种到树干根前,甚至种高秆作物(玉米、高粱、向日葵等),致使幼树极度衰弱。

2. **肥水管理差** 干旱时,不能浇灌,又无保墒措施;雨水多时,不能排水,造成涝害。有的果园水利条件好,只浇大水,很少施肥,导致果树徒长,树冠虽然很大,枝条难以成花。果园土壤浅薄、肥力低下,很少施肥,特别是农家肥,果园成了"卫生园"。每年秋季很少扩穴放树盘,土壤粘重、坚实,果树根系发育不良。树盘不经常耕作,杂草丛生,土壤板结。

3. 整形修剪不当 一种是放任生长,树形混乱不堪,多干、多头、多主枝,树冠直立,枝条郁蔽,结构不合理;一种是修剪过重,旺条丛生,树冠茂密,辅养枝与骨干枝齐头并进,养分过度分散,消耗多,积累少,不易成花。

4. 病虫害猖獗 树上无花、少果,喷药防治积极性不高。有的打1～2次药,有的根本不打药,自然造成叶片早落或被虫吃光。这种"恶性循环"的园子到处可见,应引起足够的重视。

5. 果园资金、劳力投入不足 有许多果园是"面积大、劳力少、资金缺",果园起步艰难。在机械化水平不高的情况下,1人管理10亩以上的果园,或每亩年总投资(劳力、肥料等)在400元以下者,是不可能管好幼园的。

6. 对"果树是摇钱树"缺乏足够的认识 这是上述问题的根本原因。只有真正明白栽果树的意义,才能有动力、干劲和资金投入,加强果树管理。所以,先做好果农的思想工作,是十分重要的。

(三)早期丰产对策与措施

1. 选用优质苗木建园 选用优质、纯正苗木建园是早期丰产的重要环节。栽植材料必须符合国家标准(GB9847-88)(表1-1),最好不要栽"三当苗",提倡栽"大苗"。据周培庆等报道(1993年),采用符合国家苗木标准的长富2、长富6苗木建园,栽后第3年冬,两品种干径达到4.4～4.5厘米,冠径

1.4 米左右,枝量达到 42.7～46.7 个,新梢长 129.3～134.1 厘米,并有少量植株成花,为早期丰产奠定了基础。

表 1-1　　各类砧木一级苗质量标准　(GB9847-88)

项　　目	乔　砧	矮化中间砧	矮化砧
砧木质量	纯　正	纯　正	纯　正
侧根数量(条)	>5	>5	>15
侧根基部粗度(厘米)	>0.45	>0.45	>0.25
侧根长度(厘米)	>20	>20	>20
侧根分布	均匀、舒展、不卷曲	均匀、舒展、不卷曲	均匀、舒展、不卷曲
砧段长度(厘米)	<5	20～35*	10～20
茎高度(厘米)	>120	>120	>120
茎粗度(厘米)**	>1.2	>0.8	>1.0
茎倾斜度	<15°	<15°	<15°
根皮与茎皮	无干缩皱皮,无新损伤处,老损伤处总面积不超过 1 平方厘米		
整形带内饱满芽数(个)	8 个以上		
接合部愈合程度	愈合良好		
砧桩处理与愈合程度	砧桩剪除,剪口环状愈合或完全愈合		

＊ 矮化中间砧砧段长度,同一苗圃的变幅不超过 5 厘米

＊＊ 为嫁接口上 10 厘米直径

(1)育大苗的方法:

①地块选择:育大苗的苗圃,应选在土层深厚、土质肥沃的砂壤地,也可在幼树果园行间和即将建园的地段,把要栽到 3～4 行上的苗木,集中栽到 1 行上,待树长到 2～3 年后,再移栽到果园定植穴内。

②栽植距离:一般可按 1 米×1 米、1 米×2 米或 2 米×1 米的株行距栽植,以节省用地。

③就地育,就近栽:苗木成活率高,栽后缓苗期短,幼树生长旺盛。

(2)选用无病毒苗木:我国苹果树带病毒株率高达 80%～100%,给生产造成巨大损失。目前,全世界共发现苹果病毒 39 种,我国鉴定已明确的只有 6 种(苹果花叶病毒、苹果锈果病毒、苹果绿皱果病毒、苹果褪绿叶斑病毒、苹果茎痘病毒、苹果茎沟病毒)。无病毒苗木具有根系发达、生长健壮、整齐一致,结果早、产量高,果大光洁,需肥量少,抗逆性强,耐粗放管理等优点。因此,无病毒栽培已成为世界趋势。近年,我国无病毒苹果苗木生产发展很快,年产量可达 1 000 万株左右。各苹果产区,应积极推广、采用无病毒苗木(而不是脱毒苗木)。省级苹果无病毒母本园已有 22 处,分布在辽、鲁、陕、冀、苏、甘、青、晋等省,需苗单位可与国家苹果无病毒中心母本园—中国农业科学院果树研究所及各省林果部门联系,严防购进假劣苗木,影响生产。

2、合理密植 合理密植是取得前期产量的重要条件。栽植密度要因生态条件、砧-穗组合、管理水平、间作习惯、机械化程度、果园面积等因素而定。

(1)有、无病毒砧-穗组合株行距:

一般无病毒植株生长旺盛,苗木、树体比有病毒的大 30%左右,因此,在同样条件下,其栽植距离要比有病毒的大 0.5～1 米,以防群体提早郁密,不利田间作业和产量、品质的提高(表 1-2)。

表1-2　有、无病毒砧-穗组合栽植距离＊　（米）

砧木类型	品种类型	有病毒		无病毒	
		行距	株距	行距	株距
乔　砧	普通	5～6	4～4.5	5.5～6	4.5～5
	短枝	3.5～4	2～3	4～4.5	2.5～3.5
矮化中间砧	普通	3～4	2～3	3.5～4	2.5～3
	短枝	3～3.5	2～2.5	3.5～4	2.5～3
矮　砧	普通	3～3.5	2～2.5	3.5～4	2.5～3
	短枝	2.5～3	1～1.5	3～3.5	1.5～2

＊本表不包括计划密植

（2）不同生态、管理条件下的株行距：　红富士苹果树生长旺盛，树冠扩大快，但在不同生态、管理条件下，其生长表现有明显的差别。因此，在株行距设计上，要有区别（表1-3）。

表1-3　不同生态条件下红富士苹果树栽植株行距　（米）

砧　木	生态、管理条件	亩栽株数	行距（米）	株距（米）
短 枝 型 品 种				
乔　砧	平地，肥地，可灌溉	41～83	4	2～4
乔　砧	山地，薄地，可灌溉	95～127	3.5	1.5～2
矮　砧	平地，肥地，可灌溉	148～222	2.5～3	1.2～1.5
半矮砧	平地，肥力中等，可灌溉	83～127	3～4	1.5～2
普 通 型 品 种				
乔　砧	海拔高，温度低，薄地，无灌溉条件	50～55	4～4.5	3
乔砧基础、半矮化中间砧（M_7，MM_{106}）	海拔中高，温度、雨量适中，生长期较长，肥水条件好	55～66	4	2.5～3
乔砧基础、矮化中间砧（M_{26}）	海拔中高，温度、雨量适中，生长期较长，肥水条件好	111～148	3	1.5～2

（3）计划密植：　即用临时株短期（1～5年）加密。为了取

得早期更高的产量,可采用计划密植:即在永久株行间,加栽临时株,待群体过密时,再逐渐控制,最后间伐临时株。据周培庆等报道(1993年),栽后4、5、6年生红富士园,有临时株处理比无临时株处理,每公顷枝量依次增长1.61倍、2.46倍和1.36倍;土地覆盖率依次增长1.62倍、1.72倍和1.45倍,4~6年累计产量增长3.89倍。所以,在永久株稀植条件下,酌情在行或株间加密临时株,是切实可行的措施。但应在适当时期去除临时株,否则,不但影响永久株的正常发育,而且也影响产量、品质的提高。

(4)**栽植方式**:以单行密植(宽行窄株、长方形栽植)应用较广,其好处是树冠通风透光,果实着色艳丽,行间作业方便。

(5)**行向**:在平地、滩地以南北行较好,树冠东西两侧受光均匀,吸收直射光多,有利果实着色。在山地、沟壑区,行向可随弯就势,因地制宜,以方便田间作业为主。

3. 配置授粉树 红富士苹果自花结实率较低(如长富2只6.3%),但自然授粉坐果率较高,长富2可达71.9%,足以满足丰产需要。据雷世俊报道(1994年),长富2用下述品种进行异花授粉,其坐果率:红津轻71.9%,新红星76.0%,金晕69.4%,秀水66.3%,红月28.1%。红富士对授粉树品种要求不严格,一般2倍体品种均可作授粉树。据国内外试验资料,红富士的授粉品种有:元帅系、金冠、鸡冠、秦冠、津轻、金矮生、印度、祝光、世界一、金星、千秋、东光、锦红、胜利、新红星、王林、国光、红玉等。

在配置授粉树时,主栽品种与授粉树的比例为4:1左右。通常要求授粉树距主栽品种树不应大于30米。配置方式有等量式、少量式、中心式和复合式等。在主要靠风传粉时,可将授粉树栽到果园外沿的上风方向;在主要靠昆虫传粉时,可采用单行或多行式排列;在利用蜜蜂传粉的情况下,应将授粉树栽在株间(行上)。

4、精细栽植 苗木栽植质量好坏,直接关系到幼树全、齐、壮,而幼树全、齐、壮又是早期丰产的基础。

(1)挖好定植沟(穴),施足底肥:株距 3 米以上的果园,宜挖 1 米见方的坑或圆穴;株距 2 米左右的果园,宜挖定植沟(深 80 厘米,宽 80～100 厘米)。挖掘时,拣出石块、料姜石等,将表土、底土分放。回填时,先填表土,后填底土,边填边踏实。至离地面 20～30 厘米时,覆盖一层掺好农家肥的土壤。在作物秸秆丰富的地区,在沟、穴底分层放入 2 000～4 000 千克的秸秆和杂草等,并撒些氮肥,以加速分解。在 20～40 厘米土层,即根系周围,株施土粪 25～50 千克、过磷酸钙 1 千克、磷酸二铵 0.2 千克,与表土混匀后填入。填到栽树高度处,作一中间高的馒头形土堆,以利根系均匀、舒展分布。有条件的,可先灌水沉实土壤,后栽苗,以免栽后树苗下沉,造成埋干,影响发苗。

(2)栽植技术:栽前,苗木要经过浸水、蘸泥浆等处理。在填好土、肥混合物的定植沟(穴)内,将苗木扶正,纵横对端,让嫁接口朝着主风向,注意舒展根系,边填土,边提苗,轻轻抖动苗干,然后踏实土壤,使根系与土壤密接,用土填到需要高度,作畦浇水。

苗木栽植深度与方法要因地确定与选择。一般以苗木接口与地面相平为宜;中间砧和自根砧苗木,接口应高出地面 10 厘米左右,以防以后土壤下沉和砧、穗生根,影响矮化效果。

旱地、缺水地区,宜用旱栽法:趁土壤墒情好,苗木随挖随栽,以湿土填实。干旱、多风地区,宜用深坑浅栽法:即苗木深栽浅埋土,栽后定植穴离地面还有 20～25 厘米的距离,这样,既能蓄积雨雪,又能减少土壤失水。若在坑边修西北面防风墙,可防风增温,有利于幼树安全越冬和前期生长。盐碱地区,宜用低畦高埂躲盐栽植法:将苗木栽在高埂低畦内,低畦内保持土壤疏松,畦埂踏实;或定植穴埋土低于地面,穴沿踏实并修土埂。寒冷、干旱地区,宜用砧木建园法:在定植点直播砧木种子或栽砧木苗,2～3 年后,用多头高(芽、枝)接法形成树冠。这样做的好处是既能提高红富士抗寒性、枝干的抗病性和早实丰产性,又能降低建园成本。

在春季化冻或萌芽前,灌足水后,在每株苗木树盘地面上,覆盖 1 平方米的地膜,以增温、保水,促进根系发育,缩短缓苗期,提高栽植成活率。在旱地和干旱季节,效果尤佳。

5. 加强土、肥、水管理 苗木栽后,加强土、肥、水管理,对于培养整齐、健壮的幼树十分重要。据马玉芳等研究(1993年),在连年秋季改土施肥条件下,根量以 20～40 厘米土层中最多,其次是 0～20 厘米土层,其它土层根量随土层加深呈递减趋势。在未改土施肥条件下,根量由浅到深呈递减趋势。因此,连年改土施肥可有效地提高下层土壤肥力,对增加根量和诱导根系深扎有良好效果。

(1)深翻改土,种植绿肥:通常,提倡秋季深翻改土,因秋季雨水多,断根愈合快,有利于再生新根。夏季深翻可抑制幼树旺长,有利于成花。幼龄果园,最好是每年放树盘,即由定植沟(穴)向外扩展深翻 30～50 厘米,挖深 60～80 厘米或进行隔行深翻,每年 1 侧挖沟深翻(深 60～80 厘米,宽 60 厘米左右)。沟内回填沃土或烂草、农肥等。在有条件时,栽后可于行间种植毛苕子、三叶草等绿肥。据测定,绿肥区较对照区土壤水分、有机质、速效氮等含量有较明显的增加;而土壤容重、速效磷、速效钾含量有不同程度的下降。此外,每年树盘、树带都要进行深耕,具体时期多在果实采后,也可结合中耕除草进行,保持树下土松无杂草状态。

(2)实行果园覆盖制:果园土壤管理方法较多。目前,山地、旱地、薄地果园采用树盘、树带地膜、秸秆覆盖法,切实可行,符合国情,近年普及面积较大,仅山东省就达500多万亩,其余各苹果产区也有数百万亩。其优点是保土、保肥、保水、保温,树势强、产量高、品质好。

①覆盖地膜:值得注意的是,早春覆膜,幼树萌芽早,易受晚霜危害。盖膜前,新栽果园灌透水,待地表晾干、锄耙树盘后,围树干地面铺一块1米见方的地膜,令树盘中心稍洼,以集纳雨水。树干(根颈)周围用湿土压实,以免灼伤树干和保持土壤水分。地膜四周也压严,防风保湿。

②覆盖秸秆:温暖地区四季均可覆盖。冬春寒冷地区,应在5~6月份地温升高后覆盖,否则会加重抽条和霜害。覆盖前,先深翻浇水,后覆盖秸秆杂草。土层薄的园块,每株挖沟埋草15~25千克,灌水覆土后,其上再覆草,更易发挥肥效。在根系分布范围内,除树干周围0.5米处不盖草外,均应盖秸秆(各种作物秸秆均可,以豆秸最好),厚度15~20厘米。幼树只宜盖树带或树盘,以节省覆盖材料。覆盖后,要星星点点压些土,以防风、防火。为保护根系和稳定地温,一般不要将覆盖物翻入地下。如沟施基肥时,可扒开覆盖物,施肥填平后,再把覆盖物盖好。几年后,待土壤含氮量显著增加时,可减少施氮量,以提高果实品质。

(3)增施有机肥,合理追肥:早实丰产园施肥水平普遍提高。

①基肥:在时间上,提倡早秋施基肥。红富士苹果幼树新

根总量(河北省中南部)有 2 次高峰,分别出现在 7～8 月和 12 月至翌年 1 月份之间。所以,幼园以 8～10 月上旬施完基肥为宜,有利于根系愈合与再生,同时,也能增加树体内贮藏营养。基肥用量随树体扩大而增加,一般亩施 2 000～3 000 千克土杂肥。一些果园改用鸡、羊粪或绿肥,可酌情减量。按单株说,每年施 25～50 千克土粪,土、肥掺合或混施 1～2 千克磷肥,促根、壮树效果更好。据潘景海报道(1993 年),长富 2、秋富 1 在亩栽 148 株情况下,第六年亩产达到 7 757.5 千克,一级果率达 92%,着色指数达 82%。其历年施基肥量都很大,栽后第一年亩施羊粪 4 000 千克加钙镁磷肥 40 千克,第二年亩施果树专用肥 200 千克,第三年施土杂肥 5 000 千克加果树专用肥 200 千克,第四年土杂肥 5 000 千克加果树专用肥 250 千克,第五年土杂肥 5 000 千克加三元复合肥 300 千克,第六年土杂肥 5 000 千克加硫酸钾复合肥 250 千克。如果加上各期追肥,其营养水平是相当高的(表 1-4)。

表 1-4　**红富士苹果早期丰产园营养水平**　(纯量千克/亩)

(潘景海,1993 年)

栽后年数	氮	磷	钾	栽后年数	氮	磷	钾
1	23.3	31.2	6	4	81	66	35
2	37	16	10	5	65.8	60.2	47.3
3	55	34	31	6	60.5	55.2	40.5

②根部追肥:与基肥配合,满足幼树生长、扩冠、发枝的需要。幼树期根部追肥的氮、磷、钾比例为 1：1：0.5,氮肥稍多,有利于新梢生长;越冬抽条严重地区,氮、磷、钾比例为 1：2：1,控氮增磷,有利于控制新梢旺长;土壤肥力差的幼园,氮、

磷、钾的比例为2：2：1；黄土高原果园，因土壤中缺磷，幼树追肥的氮、磷、钾比例应改为1：2：1。初果期树根部追肥的氮、磷、钾比例应改为2：1：2，增加氮肥比例可保持良好的树势。缺钙地区要降低钾肥比例，以提高根系对钙的吸收。纯氮施用量每年每株0.3～0.6千克，应视植株大小而定。

关于追肥时期，一般每年2次为宜。根据马玉芳等试验报道（1993年），追肥应在6月上中旬和8月下旬。前次追肥充分利用7～8月间新根总量最大的特点，提高肥料利用率，促进营养生长及果实膨大；后次追肥新梢多数已停长，根量仍较大，增加贮藏营养有利于树体安全越冬以及次年萌芽、成花。第一次追肥应占全年总追肥量的30％～40％，第二次占60％～70％。前次追肥氮量可稍多，后次追肥磷量可稍多。按上述方法施肥，4～5年生红富士树的花枝率分别达到26.6％和50.0％，亩产量分别达到533.3千克和2 000千克。

③根外追肥：一般苗木定植后，从展叶始，每半月左右根外追0.2％～0.3％尿素1次，连续2～3次，以恢复生长。秋季追磷酸二氢钾3～5次，浓度0.2％～0.3％，有利于提高幼树越冬能力。

(4)加强土壤水分管理

①新栽幼树：栽后立即灌水，有条件的果园，第一次灌水后表土半干时，再补灌1次，如遇春旱，还要灌第三次水。每次灌水量以水渗到40～50厘米深为度。8月份前遇伏旱，还要灌第四次水。

②2～3年生幼树：为促进春梢生长，要增加春季灌水量，从发芽到春梢停长前，土壤相对湿度以60％～70％为宜。秋梢生长期，要适量减少或不灌水。雨多时，注意排水，防止秋梢旺长，有利于幼树越冬。干旱果园，春梢特短，秋梢强旺，注意

排水,以利秋梢早停,安全越冬。

③初果期树(4～7年生):此期要灌4～5次水,即在萌芽前、花前、春梢生长前期、果实膨大期、后期。在旱地果园,覆盖保墒,行之有效,应广泛应用。

灌水方法可采用漫灌、沟灌、喷灌、滴灌、渗灌等法,但以滴、渗灌省水,适于旱地应用。尽可能不用大水漫灌,因这种方法不但费水,而且灌后土壤板结,还需及时松土。

6. 整形修剪技术

(1)**整形修剪发展趋势**:近年,在红富士苹果树整形修剪方面,有许多改进和提高,逐步形成几个明显的发展趋势。

①修剪时期:由冬季修剪变为四季修剪。大多数密植园的夏季修剪量已占到全年修剪量的70%以上,"春刻芽,夏促花,秋拉枝,冬调整",每季都有修剪工作,但工作量不大,从而缓解了树体的敏感反应,维持了树体的均衡生长。

②修剪程度:变多短截为少短截,变重剪为轻剪,除骨干、枝延长枝必须中截外,各类枝组、大小辅养枝,尽可能采用轻剪长放,开张角度,大多数拉平,极少短截,这有利于缓势、促短枝,早成花,多结果。

③树体结构:一是改大冠树为小冠树,变圆头形为圆锥形、纺锤形。如改主干疏层形为小冠疏层形,改纺锤形为改良纺锤形,变主、侧枝为各类枝组,修剪更为简化。二是改矮干为高干,因为主干矮,冠大易丰产;主干高,冠小易质优。过去主干40～60厘米高,现在矮密红富士干已达80～90厘米,对培养高产、优质树形十分有利。三是改大枝呈层分布为均衡排列。如纺锤形的各侧生分枝每15～20厘米均匀排列于中央领导干上,而不是疏层形呈现两、三层排列模式。现在是注重枝的合理分布,而不是强调树形有固定结构;对侧生枝、各类枝

组来说,有空间则留,无空间则疏,少空间则缩,不存在永久枝,通过放、缩、疏的修剪方法,使枝组、枝间通风透光,轮流结果与更新。

④枝组建设:通过中央领导头拉弯,控制上强下弱;把各领导头竞争枝拉平,使之变为结果能力强的枝组,一举两得。同时,在枝组内部关系上,安排好结果、预备、更新三套枝,确保稳产、优质、壮树。

(2)树形选择:因具体情况不同,选用不同树形,乔化稀植(亩栽 55 株以下)宜用疏层形(三主枝半圆形)为主;半乔化、半矮化中度密植(亩栽 55~83 株),宜用小冠疏层形、改良纺锤形、单层小冠半圆形、自由纺锤形等;矮化密植(亩栽 83 株以上)宜用细长纺锤形、细长圆锥形小冠树形。

①小冠疏层形:见图 1-1。

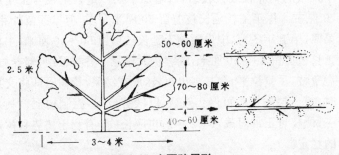

图 1-1 小冠疏层形

树体结构:干高 40~60 厘米,树高、冠径均为 3 米左右。全树 4~5 个小主枝,分层排列,第一层 3 个主枝,第二层 1~2 个主枝,有时,树旺留第三层 2 个主枝,一般盛果期只留两层主枝。第一层到第二层间距 70~80 厘米,第二层到第三层间距 50~60 厘米。第一层每个主枝上配备 1~2 个小侧枝,分两侧排列,第二层主枝以上,不留侧枝,只有各类枝组。主枝开张角度 70°左右。

整形方法:苗木栽后定干高度 50～70 厘米。以后及时疏除近地面 40 厘米以内的萌芽和嫩梢,夏、秋季培养好 3～4 个发育良好、方位合适的新梢。选位置居中的强梢作为中央领导干的延长梢,用扭梢、重摘心、疏除等方法控制其竞争梢。第一年冬剪,强树的中央领导干延长枝,剪留 80～90 厘米,各主枝头剪留 40～50 厘米;弱树的中央领导干延长枝,剪留 40 厘米左右,各主枝剪留 40～50 厘米。主枝基角 60°以上。其余枝尽量保留。第二、三年,选出第一、第二层主枝。第一层主枝层内距 10～30 厘米。每个主枝左右两侧各配备 1 个背斜方向的小侧枝。第一侧距中央领导干 50～60 厘米,第二侧距第一侧 50 厘米左右。第一层与第二层间距保持 70～80 厘米,层间留几个拉平的辅养枝或大枝组,以增加早期产量。主枝开张角度 70°左右。每年主枝延长枝剪留 50 厘米左右,剪口芽留外芽。第四、第五年冬剪,中央领导干延长枝剪留 50～60 厘米,主枝延长枝剪留 40～50 厘米,继续扩大树冠。各类枝组、辅养枝、竞争枝,尽量拉平,令其多出短枝,成花结果。待树冠即将交接时,第一层主枝头可停止短截,以缓势成花,控制树冠。其余主、侧枝可正常短截,1～2 年后也应长放。有利于树势和树冠的稳定。

②自由纺锤形:见图 1-2。

树体结构:中央领导干直立,干高 40～50 厘米,树高 2.5～3 米,冠间尽量不交接,最后落头到需要的高度。在中央领导干上着生 10～15 个小主枝(即侧生分枝或较大枝组),不分层次,每 20 厘米左右有 1 个小主枝,上下插空排列、平展、均匀伸向四方。下部小主枝长度 1～2 米,越往上越短。同方向

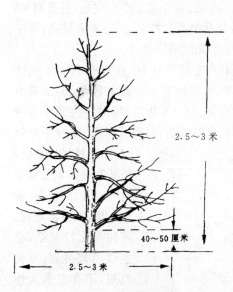

上下小主枝间距应大于50～60厘米。各小主枝上不安排侧枝，只着生各类枝组，其中，以短果枝及中、小枝组为主。下部小主枝开张角度为80°～90°，其上枝组较大；上部小主枝开张角度为70°～80°，其上枝组较小，其本身实际上是个大枝组。全树上小下大，呈广圆锥形。

2.5～3 米

40～50 厘米

2.5～3 米

图 1-2　自由纺锤形

整形方法：栽后，好地、平地果园定干高度 80～90 厘米，山地、薄地定干高度 50～60 厘米。萌芽后刻芽，促进剪口下 20～25 厘米范围内发枝。夏、秋季将新梢拶枝软化，达到 70°～90°角，同时用疏除、重摘心、扭梢等方法控制竞争枝。第一年冬剪时，选择位置居中、生长健壮的 1 年生枝作中央领导干延长枝，剪留 40～60 厘米，在枝量 6～7 个情况下，尽量疏除竞争枝，以免影响成形。在竞争枝以下，选 3～4 个长势均衡，互不重叠，靠近的长枝，剪留 40 厘米左右。当 1 年生枝超过 1 米时，拉枝长放。第二年春、秋季，拉开主枝和辅养枝角度达到 70°～90°。夏季对背上直立旺梢，采用扭梢、摘心、疏除、拶枝等方法处理，不宜采取全部疏除的办法。第三年冬剪，除中央领导干延长枝剪留 50～60 厘米外，其余长枝尽量少截。在上层再选留 2～3 个小主枝和 1～2 个辅养枝。以后,每年留 2 个小主枝,各剪留 40～50 厘米长。对竞争枝仍然要严加控制,防止其大枝化,不使其扰乱树形。一般 4～5 年完成整形任务。

值得注意的是,该形小主枝虽有 10 余个,但每个小主枝上无侧枝,只求均匀分布,转圈插空互不重叠交叉。对上层小主枝不短截,令其单轴延伸。5～6 年后,可对中央领导头缓放、拉弯结果。当头弱时,适时落头,以降低树高。有发展空间时,小主枝尽量多留,任其发展。无发展余地时,可以酌情疏、缩小主枝,以改善光照。该树形比较灵活,小主枝可截可放,可长可短,不存在永久性大枝,但在修剪时,应尽量减轻修剪量,有利于扩大树冠,缓势成花,早实丰产。

③改良纺锤形:(见图 1-3)。

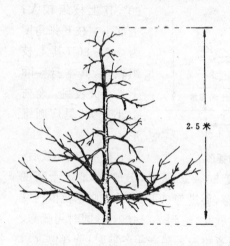

2.5 米

图 1-3 改良纺锤形

树体结构:干高 40～60 厘米(定干高度 70～90 厘米),树高 2.5 米,冠径 3 米左右,中央领导干直立。在中央领导干基部着生 3 个永久性主枝,主枝方位角 120°,主枝基角 70°、腰角 80°、梢角 60°。三主枝层内距 25～30 厘米,主枝上分生 2～4 个低于主枝枝龄的结果枝轴,主枝或枝轴上以小枝组或短果枝群为主。基部主枝粗度不得超过中央领导干粗度的 1/2,枝轴粗度不得超过中央领导干的 1/3。在距基部三主枝以上 50

厘米处,开始培养第一个小主枝,往上每30厘米培养1个小主枝,螺旋上升,错落排列,如同纺锤形一样。分层或不分层均匀着生7～10个小主枝,下部的小主枝长1～2米,越往上越短,水平且单轴延伸,小主枝上无侧枝,直接着生各类(主要是中、小型)枝组和短果枝群。同方向小主枝间距50～60厘米。中央领导干上,小主枝间也可培养小枝组。

此形是小冠疏层形与细长纺锤形的复合体,群众叫"大盘子托起个纺锤形"。适于中度密植(3～2.5×4米),55～66株/亩。其优点是低干、矮冠,中央领导干强壮,大枝少,级次低,成形快,骨架牢,光照好,树势稳,易更新,早实丰产,管理方便,不易出现上强下弱和结果部位外移的现象,单产高,果实着色好、质佳,经济效益显著。

整形方法:第一年,定干高度,普通型70～90厘米,短枝型60～70厘米。对近地面的枝条,生长季保留,冬季疏除,以辅养树体,促根发育,但要控制其长度。发芽前选3个方位好的芽刻伤,以促发壮枝,8月份选择3个方位角合适、生长健壮的新梢作主枝,揉开基角。除中央领导梢外,其余新梢全部拿枝软化,呈70°～80°角。如果栽的苗弱、肥水差,当年抽生2～3个梢,除留1梢作中央领导梢外,其余梢基角也揉成70°角。冬剪时,将选好的基部三主枝剪留40～50厘米,上面主枝旺的剪得短些,下面弱的留得长些,以利势力平衡。剪口芽留背后芽,第三芽均留同侧的侧生芽。如果第一年选不出3个主枝,可于次年选出。中央领导干延长枝剪留60厘米。

第二年,5月上中旬,对主枝、拉平枝背上发生的直立旺梢,用扭梢、留莲座状叶疏除、拿枝等法,使其变为小枝组。在中央领导干上,基部主枝往上50厘米处,要培养第一小主枝,所以,萌芽前,每30厘米刻个芽,各小主枝新梢单轴延伸,不摘心,除留最顶端1个强梢作中央领导枝外,其余梢全部拉平(80°～90°)并破顶控长,培养小主枝。同时,适当疏除内膛徒长枝、过密枝,以利通风透光。冬剪时,中央领导干延长枝剪留50～60厘米,并结合定位刻芽,促发长枝。适当疏除中央领导干上过密、重叠、过旺、过大、对生枝和辅养枝上的直立旺枝。三主枝剪留40～50厘米,剪口留背后芽,第三芽留第一侧相反方向,疏除竞争枝。对上年短截促发的第三枝,留侧芽极重截。若树势特强时,对中央领导梢和主枝新梢可以于6月中旬剪留35～40厘米,冬季剪留40～50厘米,一年当两年,有利于提早成形。

第三年,春季发芽前,将主枝腰角调整到70°左右。5月上中旬,对小主枝、辅养枝背上的直立新梢,扭梢、留莲座状叶疏除、拿枝各占1/3。当每亩红富士幼树总干周长达2 000厘米、亩枝量3万条、枝叶覆盖率40%以上时,应对主干进行环割,5月下旬和6月上旬对各主干环割一圈,2次刀口距3～5厘米,以促进适量成花。如中央领导干较强,8月份可将原头拉平,冬季疏除,以第二枝当头。在中央领导干上继续培养3～4个小主枝。小主枝单轴延伸,缓势促花。适当疏除中央领导干上的过密枝、重叠枝等。三主枝上继续培养各类枝组,对拉平枝背上直立枝,有空间处拉平,无空间者疏除。

第四年,发芽前,适当疏、缩体积过大、严重影响骨干枝生长的裙枝(大枝组)、辅养枝,对串花枝,可适度齐花剪。5月上中旬,对拉平的小主枝背上的直立旺梢,采取扭梢、疏枝、拿枝等方法严加控制,以保持其单轴直线延伸。如果树势强旺,可对主干再行环割手术。冬季,疏除过大、过粗、过密的辅养枝;对中庸枝先破顶,待成花后回缩,或带帽剪,培养小枝组,中央领导干延长枝剪留60厘米。

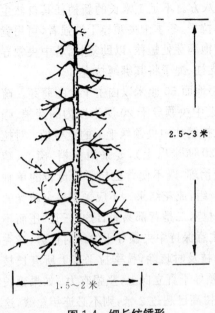

2.5～3 米

1.5～2 米

图 1-4 细长纺锤形

第五至第七年，当树高 2.5 米以上时，可对中央领导干延长枝缓放或破顶，促发短枝，成花结果，控制树势和树高。此时树形基本形成，主要任务是加强夏剪，控制枝量，更新弱枝，保持树势中庸、健壮，树体稳定，树势平衡。

④细长纺锤形：（图 1-4）该树形适用于 M_{26}，M_9 中间砧和自根砧上红富士普通型、短枝型品种和 3～4 米×1.5～2 米的株行距。对于生长势太旺的砧—穗组合，树体不好控制。

树体结构：定干高度 80～90 厘米，干高 50 厘米左右，树高 2.5～3 米，冠径 1.5～2 米。中央领导干直立向上，四面八方均匀分布 15～20 个小主枝或称侧枝分枝。其长度比自由纺锤形短，基部最长 1～1.5 米，越往上越短，呈水平和下垂状态，树冠呈上小下大的细长纺锤形。

整形方法：第一年，栽后苗木定干高度 70～90 厘米。以后，随时抹除距地面 50 厘米以内的萌芽和嫩梢。5～6 月份，对竞争梢进行扭梢或摘心。8～9 月份，除选出的中央领导干延长梢任其直立生长外，其余 1 米长左右的侧梢，全部拉成

70～90°角,分布于四面八方。不足 1 米长的新梢任其自然生长,够长时再于秋、春季拉平。冬季中央领导干过强者,可用竞争枝换头;过弱者,可于饱满芽处短截,以助复壮。若中央领导头发生歪斜时,随时用支柱、绳子将其绑缚扶直。

第二年,继续清除距地面 50 厘米以内主干上的萌芽。疏除去年拉平枝枝背上、近中央领导干 20 厘米以内的芽梢、强梢(30 厘米以上)。注意控制住中央领导干上的竞争梢。对拉平枝背上的其余强梢(30 厘米以上),要采用扭梢、摘心、疏枝、拉平等法,加以综合治理,既不使背上枝影响母枝的单轴延伸,又能迅速转化为枝组,成花结果。不应采用完全疏光的做法,因为一是可削弱树势,二是背部易患日灼,三是“压而不服”,再冒旺枝。另外,注意保持中央领导干的绝对优势,光秃处刻芽促枝,密生、重叠枝及时疏除,秋季拉平其上所有长枝(70～80 厘米),使中央领导干直立向上,坚强有力。如果延长枝长度在 50～60 厘米,树高已超过 2 米,则不必连年短截,这样,可以缓和顶端优势。

第三至第五年,其剪法基本上同前两年。中央领导干延长枝一般不短截,其下面的侧生旺枝要疏除,以控制上强。中、上部的其余侧生分枝要坚持拉平。注意控制背上强枝,培养中、小枝组系统。在枝量大、枝条密的情况下,要酌情疏间。5 年生树已基本成形。为保持上小下大的纺锤形轮廓,当侧生分枝粗度超过 3 厘米、枝轴长度超过 1.5 米时,就应着手控制,密者疏除,弱者回缩到后部良好分枝处。在整形中还要注意以下几点:

第一,据日本经验,各侧生分枝与着生处中央领导干的粗度比应为 0.5∶1,如果粗度超过 0.5,则要疏、缩,对留下来的侧生分枝,要设法控制其枝体增大,促其成花结果。

第二,处理好中央领导头的竞争枝,通常要疏除或扭梢,防止上层侧生分枝大型化,否则,树形难以维持。另外,防止结果部位上移,对距地面1~2米内的侧生分枝,依枝龄和生长情况,适时更新。

第三,日本青森县根据产量指标,对该树形不同高度的枝、芽、果量作了不同的安排:当亩产3.33吨时,全树主枝17~21个,顶芽数540个,株结果135个;亩产2.67吨时,分别为13~17个、420个和105个。可见,细长纺锤形并不是死板不变的,它应因具体情况,灵活变更。

(3)整形修剪特点

①按树形要求定干:不同树形,要求树干高低不等。定干高度为主干高度加整形带。整形带内要有8~10个饱满芽,芽子位置低、不饱满的,可用刻芽法促其抽枝,以利形成基部主枝或侧生分枝。

②注意骨干枝方位、角度、长度和层间距:在整形中,应根据各种树形结构要求,留好各级骨干枝。

③注意剪口芽和第三、四芽的方向:为保持主、侧枝或中央领导干与主枝间的主从关系,要避免用竞争枝和平侧枝作骨干枝。如果背斜侧芽位低,发不出强枝,可用刻芽抽枝。另外,剪口芽多用外芽、背下芽,以利开张角度。

④加强生长季修剪:幼旺树不宜冬剪,应用晚春剪、夏剪和秋剪。通过各季细致管理,使树上骨干枝牢固健壮,辅养枝提早结果,枝组分布合理,全树各部不存在无用枝(徒长枝、密生枝、竞争枝等)、寄生枝。

⑤轻剪长放:对辅养枝、各类枝组,采取多留、多放、少截或不截,一律拉平,以缓势成花,早产,丰产。

(4)整形修剪上存在的问题与解决对策:红富士苹果面积

已逾 1 000 万亩,果区,尤其是新果区,发展的积极性仍然很高,由于千家万户果农经验不足,技术培训跟不上,整形修剪方面存在诸多问题。据柴全喜报道(1993 年),红富士苹果树树形选择不当,角度太小,短截过多,拉枝不当,背上旺枝丛生,上强下弱,夏剪跟不上,有的不夏剪。耿忠芳指出(1993年),红富士苹果短截过多,回缩过急。徐永芳报道(1994 年),苹果纺锤形整枝中,中干普遍偏弱。我们在调查中发现,红富士树下强上弱,大枝丛生,放任生长,高接树多主枝、多中央领导头等现象,也时有发生。为了克服生产上的问题,提高管理水平,仅介绍整形修剪上的主要问题与解决对策。

①纺锤形树冠中央领导干偏弱:这是一个带有普遍性的问题。具体表现是中央领导干太细,树冠太低,主枝过大、冠间交叉、更新困难,冠积不适,通风透光不良等(徐永芳,1994年),此外,矮砧富士树也有类似现象,甚至更为突出。据王树大等报道(1994 年),矮化中间砧苹果幼树树体建造特点是:根系不发达,基砧加粗慢,中间砧段加粗快,侧生枝增粗快,中央领导干极性弱,成花结果多,树易倒伏等。造成中央领导干挺不起来的原因是:在培养主枝时,起用了与中央领导干延长枝势力相近的同龄枝;在培养枝组时,起用了与主枝势力相近的同龄枝,使各级枝间缺乏合理的粗度比。其解决对策是:

第一,矮化中间砧苹果树幼树:在栽后第二年春,对侧生强枝重截,使其重新发枝,枝龄要比中央领导干晚 1 年,粗度差更大些。对中央领导干延长枝长留,疏去其竞争枝,以维持其优势。必要时,可用埋土扶干法,恢复中央领导干势力。

第二,选细弱、平展枝培养主枝,对主枝轻剪或长放。主枝上不留长于 30 厘米的分枝,令其单轴延伸,控制加粗生长。生长季对主枝造伤减势(剥、捋、疏其强分枝),弱化主枝,从而保持中央领导干的绝对优势。

第三，中央领导干歪斜者，要立竿缚直；中央领导干光秃者，宜于萌芽前刻芽促枝，以利其加粗生长。7～8月份，对中央领导干上的长新梢捋枝、绑缚呈水平，以抑制其加粗生长。

第四，从总体上，加强肥、水投入，促进树势转强，使中央领导干直立向上，坚强有力。

第五，主干疏层形基部三主枝邻接着生，对克服"上强下弱"现象有明显作用（倪振刚，1993年）。

②幼树偏冠：一边枝多，一边枝少，树冠不丰满。造成这种现象的原因有：一边树的芽受寒风侵袭而不发，或芽体受损，或枝条被劈折，或因强风吹袭造成风剪树。对于偏冠树要趁幼树期矫正，否则，生产损失较大。解决对策有：

第一，在缺枝处目（刻）伤，如多年生部位，也可嫁接枝条。

第二，用1‰"920"羊毛脂膏涂抹光秃带，发芽率可达90％以上。3～5月，光秃带喷、涂"920"（浓度50毫克/千克），兑水20千克，连抹2次，相隔7天，发芽率可达95％左右（李鸿烈，1995年）。

第三，拉枝，将有枝一方的枝尽可能拉向缺枝的一方。把被风吹歪的树，用支柱、绳子把树拉直，令其枝分布四面八方。对于偏冠一方的枝条，先轻剪缓放，然后将中央领导干拉弯，让光秃带在上边，过些天，待光秃带芽眼萌发，抽梢长达16厘米时，再将中干扶直。此项工作应在4～6月份完成。

③开角拉枝不规范：有的将枝拉成弓形，有的圈枝，有的交手打扣枝，等等。这些枝发枝不理想，或呈丛生状，或抽生中、短枝少，应将该拉的枝拉成70°～90°角，拉枝的适宜时间是8月下旬至9月上旬。春季萌芽以后，对于骨干枝开张角度要逐步增大角度，不应一步到位。据崔炳媛试验报道（1994

年),红富士苹果树定植当年,夏、秋季对长梢拿枝软化,次年春将骨干枝拉到70°角,同时,进行多道环割,第三年春,将骨干枝拉到80°~90°角。采用此法,4年生树,冠径比1次开角的大14.6%;5年生树株产,逐步开角的为10.4千克,1次开角的为8.7千克;6年生树分别为19.5和10.9千克。另据贾希友报道(1994年),5年生乔砧红富士(长富2),连续捋枝2~3次,也有良好的促花效果(表1-5)。

表1-5　连续捋枝的效果

处　　　　理	花枝率 (%)	花序坐果率 (%)	株　产 (千克)
6月5日1次捋枝呈水平状态	27.3	53.6	0.9
6月5日和8月5日2次捋枝呈水平状态	48.5	52.7	1.7
6月5日、7月5日和8月5日3次捋枝呈水平状态	59.2	54.1	2.4
对照(未捋枝)	6.7	52.1	0.2

④枝组培养:枝组是果树结果基本单位,培养枝组的工作易为人们所忽视。主要表现:一是只知道利用辅养枝结果,而不知道将来要过渡到骨干枝上枝组结果;二是只利用长放枝组结果,而不利用"先放后缩"和"先截后放"枝组结果;三是不了解枝组如何培养。因此,幼树树势迅速衰弱,结果质量下降,产量增长缓慢,为此,应采用如下对策:

其一,以"先放后缩"法为主培养枝组。这是初果期修剪的重要任务,对丰产起着决定性作用。这种方法要求对1年生中庸、强旺枝先缓放2~3年,方能成花,待开花、结果后,枝条、枝组转弱时再回缩。对连年缓放枝要配合拉枝、摘心、扭梢、环刻等促花措施,以促发中、短枝和成花。这类枝容易形成单轴细长、松散下垂型枝组,所谓"珠帘式"枝组,是初果期树的理想枝组,其结果性能好,果实萼洼朝下,果形端正,着色均匀。

其二,以"先截后放"法为辅培养枝组。随着树势的缓和,这类枝组越来越重要。这种方法要求对 1 年生枝先中、重短截,促生强枝后,再缓放几年,结合截、缩,容易形成大、中枝组,占据较大的空间,其结果能力较强,寿命较长。

其三,合理配置各类枝组。红富士苹果着色要求光照强,直射光,因此,枝组要多而不密,分布合理。在稀植条件下,大枝组可占 15%～20%,中、小枝组占 80%～85%,而在密植条件下,大枝组占 10%以下,中、小枝组占 90%以上。注意控制背上直立大枝组,多留斜生、两侧枝组,同方向中枝组间距30～40厘米,大枝组 50～60 厘米。

其四,培养枝组因枝而异。红富士始果后,要根据枝条状况,采用不同方法培养枝组。

长枝:骨干枝背上长枝,一般中截,次年回缩;也可先长放拉平,次年缩到下面弱分枝处。骨干枝两侧和背后的长枝,若培养中枝组可先轻截,次年缩到下面弱分枝处。如需要培养大枝组可连续短截 2～3 年。

中枝:旺树中枝,第一年不剪,次年戴帽剪;中庸树中枝,第一年截,次年长放;若培养大枝组,可连年中截。

短枝:一般不动剪,待其抽出中、长枝时,再视其培养前途,用上法修剪(陈阵,1994 年)。

⑤高接树整形修剪:红富士高接在不同品种砧树上,大多表现生长旺盛。由于技术上的原因,生产上往往出现如下问题:除萌不及时,影响成活率;由于愈合不牢,易被风吹劈或其

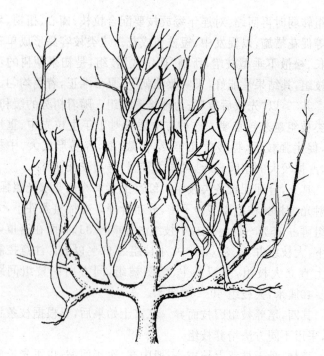

图 1-5　高接树放任生长状

它机械伤害;忽略夏剪,树冠多主枝、多中央领导头,呈现乱头形;树冠郁密、直立(图 1-5);由于缺乏夏剪,开花结果少,果个小、着色差。解决的对策是:

其一,按已确定的树形骨架,在各枝头上嫁接粗壮、新鲜的接穗.对于辅养枝、枝组,应嫁接细长枝(长接穗),以提早成花。

其二,成活枝嫩梢长到 20 厘米时,开始绑支棍,防风折。

其三,及时抹芽除萌,有利接穗成活。

其四,加强生长季修剪,留骨干枝上的接穗第一芽枝扩大树冠,绑支棍引缚开张其角度,待长度达到 50 厘米时,进行重摘心,以利其副梢继续延伸,增加级次,扩大树冠。让第二、三芽梢提早结果,当长度达到 30 厘米时,进行扭梢,次年可能开花结果。在 1 个砧头上嫁接 2 个以上接穗时,除留下一枝单轴延伸外,其余长梢可采用摘心、扭梢、疏枝、拉平等法,分别加以处理,令其缓势出短枝,早成花,早结果。高接后次年夏剪方法基本同第一年。

其五,冬季,对高接树修剪量要轻。嫁接第一年冬,只疏过密的二次枝,并充分利用长果枝结果;对各骨干枝延长头尽可能轻截或不截。第二年冬,仍以轻剪长放为主,除中央领导干延长枝留 50～60 厘米短截外,其余中、长枝一律轻剪长放。

7. 促花结果技术

(1)成花特点:红富士初果期树以短果枝和长枝腋花芽结果为主。据马宝焜等报道(1993 年),在河北省中南部条件下,5 年生红富士树,短果枝占 54.8%～68.1%,长果枝占 18.2%～27.0%,中果枝占 7.8%～9.7%,腋花芽占 5.9%～8.5%。腋花芽主要着生在强枝上,着生于 31 厘米以上枝条上的腋花芽占 74.6%,着生于 31 厘米以下枝条上的腋花芽占 25.4%。腋花芽着生在枝的上段最多,占 85.7%;中段最少,占 4.8%;下段居中,占 9.5%。红富士苹果枝条成花与其缓放年数有关;缓放 1 年后,着生在 1～2 年生枝段上的花芽数分别占总花芽量的 10.9%和 89.1%;缓放两年后,1～3 年生枝段上,花量分别占 7.9%、58.1%和 34.0%;缓放 3 年后,1～4 年生枝段上花量分别占 3.2%、41.5%、40.0%和 15.3%。上述表明,在 2～3 年枝段上,缓放出的花量最大。

(2)促花技术:当幼树干周在 20 厘米以上,枝量达 100～200 个,生长健壮时,根据栽植密度大小,开始采用促花技术,以迫使幼树形成一定量的花芽,强迫植株提早、适量结果。其好处是,既能取得一定的经济收入,又能有效地抑制生长,控制树体的扩大,从而取得栽培的成功。

促花技术的实行,首先要有个前提条件,即果树必须是生长强健、枝条粗壮,每年新梢都有一定的生长量。在此基础上,通过综合措施,调节植株生长与结果的关系,使其生长节奏转向有利于成花方面。例如,促进春梢及时而大量地停长并形成顶芽,增加中、短枝的形成,调节营养运输与积累,使营养分配中心适时转向成花部位(中、短枝及长梢的腋花芽上),均有利于多成花。目前,行之有效的促花措施有:

①土肥水管理:这是成花的基础,肥、水管理合理与否,对成花影响较大。据吴显峰等研究报道(1995 年),随施氮量的增加,单株成花量减少,新梢加长。氮肥与成花显著成反比,钾肥量同幼树成花显著成正比,而磷肥对成花影响不大。他提出,红富士苹果幼树以每亩施纯氮 7 千克、磷(P_2O_5)3 千克、钾(K_2O)8 千克,氮、磷、钾比为 1∶0.43∶1.14 效果最好。但各地条件不同,施肥量和比例也不会一样,应因地制宜确定。在大量而合理增施有机肥的基础上,注意以下两点:

其一,从短枝停长开始,适当调控肥、水供应,造成适度干旱,使全树大部分新梢于 6 月下旬前停长或缓慢生长,在此基础上酌量增施磷、钾肥,配合少量氮肥,有利于花芽生理分化。

其二,花芽生理分化前(5 月份),土壤适度干旱有利于花芽分化,因此要控水。雨多时,要及时排涝。必要时,还可进行部分断根,以减少根系对水分的吸收。但土壤过度干旱,叶片表现萎蔫时,仍应适量补水,才能有利成花。

②人工手术

其一,扭梢。5 月下旬至 6 月下旬,当新梢长到 20～30 厘米时,在其基部5厘米处(半木质化)进行扭梢,以中庸偏旺梢成花效果好。长势极强和偏弱梢成花效果不理想(陈玉林等,1994年)。

其二,摘心。5月上旬至9月份,随摘心次数的增多,成花率相应提高。据李春启报道(1987年),在北京地区,3年生长富2,摘心1次的,成花枝率为20.0%,2次的为37.1%,3次的为40.7%,4次的为57.1%。据各地试验,一般以摘心两次为宜。

其三,环剥、环割、环状倒贴皮等。这些手术成花效果十分明显。一般在春梢缓慢生长期(5月下旬至6月下旬),对旺树主干、旺枝进行环剥或环割,均有抑制生长、大量成花效果。据马宝焜等试验(1993年),在河北省中南部地区,红富士幼旺树以主干环剥2～3次为宜。据江苏省盐城试验,主干环状倒贴皮处理,短枝率、叶丛枝量和花量较高,主干环剥不倒贴皮次之,而辅养枝环剥又次之。另外,据贾希友报道(1993年),冬剪保留的竞争枝于萌芽期拉平,5月下旬,进行环剥(1厘米宽)倒贴皮处理,后用塑料条扎好,共处理20个竞争枝,萌芽率达81.4%,萌枝781条。次年结果,平均每枝结果2.6千克,而疏除竞争枝的对照幼树(3年生),只零星开花,未结果,处理比对照提早结果2～3年。近年枝干环割应用渐多,因为它不易造成死树。一般在环剥期间,不用环剥去皮,只是割一圈,深达木质部,如果树还旺,过7～10天,在刀口上方3～5厘米处,再割一圈,促花效果也很好。如陕西省白水县园艺站报道,3年生红富士主干环割,平均花枝率为41.1%,对照为13.4%。4年生红富士苹果产量,处理树株产58.2千克,对照树仅21.2千克,增产1.75倍。

其四,大扒皮。在5月下旬至6月上旬,树干形成层活动最旺盛时期,土壤湿度合适,选晴朗、无风或微风天的上午 10 时至下午 3 时进行大扒皮。具体做法是:距地面 5 厘米左右处,用利刀环切树干一圈树皮,深达木质部,用刀撬起树皮,在环切圈上部 20～30 厘米处,甚至到骨干枝分叉下方,再环切一周,也深达木质部。这时用手抓住撬起的树皮,由下而上逐条扒去两道环切口间的树皮,露出形成层,虽然不需要任何保护,但要保持清洁,勿用手摸或造成机械损伤。采用此项手术的先决条件是树生长旺盛,无皮部病害(腐烂病等),结果很少,主干直径＞3 厘米,枝量＞300 条。据郭景良报道(1994年),4～5 年生幼旺树,进行大扒皮后,当年花芽率为 48.5％以上,次年株产 15.6～20.5 千克;对照(未扒皮)树,花芽率为 1.2％～3.8％,株产只有 1.6～3.1 千克。而且,大扒皮树果个大、果形正、着色好,可溶性固形物含量高。虽然大扒皮促花效果如此之好,但用起来要慎重,否则,会出现树弱、死树问题。

其五,秋剪。生长期长、比较温暖的地区,对红富士的旺长新梢进行秋剪,即在春、秋梢交界处上部带活帽剪,有利于副梢成花。据山东省烟台市果树所试验(1987 年),秋剪后的成花率:长富 6 为 13.7％,秋富 1 为 100％。烟台市黄务村长富 2 秋剪成花率达到 33.9％～78.9％。

其六,综合手术。为了更有效地促进成花,生产上常把几种人工手术配合起来用。据王举昌等报道(1995 年),对 6～8 年生 M_{26} 矮化中间砧长富 2 中庸或稍强树,每年从 5 月中旬开始,进行嫩梢摘心,20 天后再对主干环剥,待摘心后副梢有 3～5 片小叶时,进行第二次摘心,如此摘心 2～4 次。结果表明,处理枝结果枝率,1991 年、1992 年和 1993 年分别达到 77.5％、82.8％和 96.1％。据马宝焜等报道(1993 年),在主干环剥 2～3 次条件下,扭梢枝成花枝率为 25.2％～39.1％,第二年的枝条成花率达 69.2%～73.1%。另据孙耀民报道 (1993 年),在河北省抚宁县条件下,对 40 厘米以上的 1 年生枝进行刻芽,5 月 20 日和 6 月 20 日两次环剥,形成短枝率最高为 93.7%,成花率 43.0%,而 5 月 20 日、6 月 20 日、7 月 20 日、8 月 20 环剥 1 次的,成花率分别为 21.0%、37.2%、23.4% 和 9.8%。可见,以 6 月 20 日环剥效果最佳。另外,5 月初刻芽、环剥的长枝,其短枝率为 50.3%,成花率为 28.9%,而秋季(8 月中旬)拉枝者,分别为 77.0% 和 38.3%。3 月 15 日刻芽加 6 月 20 日环剥的,比不刻芽加 6 月 20 日环剥处理的分枝多、成花效果好,水平枝成花最多;直立枝只环剥、不刻芽的,一般不成花。所以说,因枝制宜,采用刻芽、环剥、拉枝、摘心等措施,是完全必要的。

③应用生长抑制剂:近年,在红富士幼旺树上应用最普遍的生长抑制剂是多效唑,其次是乙烯利。这些药剂控冠、抑梢、促花效果明显。

其一,多效唑。生产上应用多效唑,主要用于叶面喷布和土壤施用。剂型有 25% 悬浮剂和 15% 可湿性粉剂两种,其作用是抑制赤霉素的生成,延缓生长,促进成花。树上喷布浓度为 1 000～2 000ppm,可与一般常用农药(包括展着剂)混用。土施有效成分用量为每平方米树冠投影面积施 1 克,其效果及作用时间超过叶面喷布。据李宏凯等报道(1994 年),5 年生长富 2,土施 15% 多效唑 20 克和叶面喷布 3 次 500 毫克/升的多效唑,新梢生长量为对照的 70% 和 69%,节间长为对照的 78% 和 76%,短枝率为对照的 180.7% 和 253.9%;7 年生长富 2,土施多效唑处理,短枝率高达 80% 以上,当年有 70% 的短枝成花。另据报道(1992 年),红富士幼树在盛花后 3 周喷 500～1 000ppm 多效唑,成花量比对照增加 2 倍。盛花后 3

周,每株土施纯量多效唑1～2克,新梢减短30％～60％,花芽量提高5～10倍。江苏盐城试验(1992年)也指出,多效唑土施时间越迟,效果越不明显;而喷施多效唑,随浓度(1000～2500ppm)的提高,促花作用越大,1000ppm处理成花率为14.5％～17.1％;2000ppm处理为15.0％～21.2％;2500ppm处理为20.9％～29.6％。但也有相反的情况,据徐继忠等报道(1992年),喷250～2000ppm多效唑,单株花芽量比对照(23.3个/株)均增加1倍以上。例如,喷250ppm处理,单株花芽量为49.8个,500ppm的为45.5个,1000ppm的为52.9个,1500ppm的为43.3个,2000ppm的为51.5个。

其二,乙烯利。具有抑长促花等作用。喷乙烯利可增加红富士苹果树的枝量和中、短枝比率及花量。据辽宁省果树研究所报道(1986年),3年生长富2旺树,6月中旬喷400～500ppm乙烯利与1500～2000ppm比久混合液,秋梢明显减少,当年成花量增加2.1倍,短枝量提高16.4％。又据河北省石家庄果树研究所试验(1991年),叶面喷布乙烯利,可以增加枝量、花量,但不能满足生产需要。

其三,各种促花措施配合使用。众多试验表明,植物生长抑制剂与手术的有机配合,效果稳定可靠。据马宝焜等试验(1993年),在每株土施15克多效唑条件下,红富士主干不环剥幼树,单株成花2个,成花枝率0.7％;主干环剥株花量381.8个,成花枝率为29.1％。据杜纪壮等报道(1993年),未结果红富士幼旺树,以盛花后3周喷1次2000毫克/升的乙烯利加上盛花后7周主干环剥,再加上盛花后12周喷施600毫克/升多效唑处理,单株枝量和花量较大,翌年坐果最多。

8. 提高坐果率　一般红富士苹果幼树成花少,坐果率偏低(人工促花坐果率更低些),隔年结果现象十分普遍。因此,做好提高坐果率的各项工作,确保早期产量,是相当重要的。
应采取如下措施:

(1)增加树体营养贮备

①秋季管理:加强果园综合管理,改土施肥,根外追肥,保好叶子,增加树体营养贮备。

②早春管理:早春追肥,顶凌刨园,保证前期营养供应。花前追肥、灌水或花前、花后喷 0.5%尿素。花前喷 0.2%~0.3%硼砂(或硼酸)加 0.3%蔗糖。据山东省临沂地区果树站报道,5 月 14 日喷光合微肥 500 倍液,间隔 15 天,连喷 3 次,花朵坐果率比对照提高 87.7%;另据河南省禹州市试验,红富士花期喷硼对提高坐果率有明显效果(表 1-6)。又据陕西省扶风县园艺站报道,花蕾期、幼果期和果实膨大期,各喷 1次 6 000 倍、7 000 倍和 9 000 倍植保素液,5 年生红富士花序坐果率提高 16%,花朵坐果率提高 29%。据王以胜(1995 年)试验,盛花初期,将 100 千克水加 0.3 千克硼砂加 0.3 千克尿素加 0.4 千克砂糖配成混合液,喷布红富士,可显著提高坐果率。

表 1-6　花期喷硼对坐果率的影响

处理(ppm)	花朵数	坐果数	花朵坐果率(%)
2000	542	185	34.1
4000	725	347	47.9
6000	316	84	26.6
对照(清水)	435	113	24.9

③适度冬剪:旺树,只疏除密生直立枝,回缩串花枝,一般

剪量为 1/4～1/3。壮树环剥枝花芽多的,要剪去 1/10～1/5 的花芽。

④花前复剪:此期修剪对提高红富士苹果坐果,非常有效。对树壮、花芽适量树,要轻剪花芽,甩放后花芽成串的枝条,应留 3～4 个花芽回缩;有腋花芽的枝,留 2～4 个花芽短截。花芽过多的树,结合疏除密生枝、直立枝,适度疏除部分花芽;骨干枝头 50 厘米范围内,不留或少留花芽,延长枝上不留腋花芽,对长果枝要轻打头,过密枝和衰弱枝花芽宜疏除。

⑤花期环剥:盛花期,对主干、辅养枝或大枝组进行较窄的环剥或只进行环割 1 刀,可显著提高坐果率。在树旺、果台副梢又强时,花后 10 天左右,对过强果台副梢留 4～6 片叶摘心,使营养集中供给幼果,以防因营养不足,造成落果。

(2)改善授粉受精的外部条件

①推迟花期:主要是错过晚霜。其措施有:

其一,枝、干涂白。早春往树上喷 10％左右的石灰液,反射阳光,降低树温,可推迟花期 2～3 天。

其二,灌溉。霜前,往树体上喷水 2～3 次,或实施喷灌,可推迟花期 2～4 天。萌芽前,花前地面灌水 2～3 次,可降低地温,抑制根系活动,可使萌芽、花期推迟 2～4 天。

其三,土壤化冻前,在树盘内覆草 15～20 厘米厚,可减慢地温回升速度,使花期推迟 3～5 天。

其四,激素处理。于头一年 9 月上旬,往树上喷 1 000ppm 赤霉素;10 月中旬喷 100～200ppm 乙烯利,100ppm 萘乙酸,1 000ppm 矮壮素;头年春,每平方米树冠投影面积施 0.5～1 克多效唑,均可推迟花期 4～5 天。

②建立有相当高度的防风林:进行密植栽培,建立自身防风体系。

③避免在低洼处建园：以防冷空气集结，防止晚霜危害。

④配置授粉树：配置适量授粉树和嫁接部分授粉枝，以保证正常授粉。

（3）人工授粉

①插花授粉：小面积果园缺乏授粉树时，可在花期采些授粉品种花枝，插于盛满水的瓶罐中，每株树视树冠大小挂上几个瓶罐，可增强授粉能力。

②震打花枝：开花期，剪下一束授粉品种的花枝，于主栽品种树上轻轻震打，每日上午 10 时左右震打 1 次，连续 2～3天即可。

③点授花粉：首先采下有亲和力的花粉。方法是在授粉前2～3 天，采下含苞欲放的"铃铛花"，摊在干燥通风的室内，保持 20～25℃的温度、50％～70％的湿度，经 1～2 昼夜，收集散出的花粉，即可用来授粉。根据花粉发芽率高低，为节省花粉，可用淀粉、细滑石粉作填充物，按 1：1～4 的体积比例加填充物。如发芽率小于 30％时，可不加填充物；天气好时，多加填充物，天气坏时，可少加或不加填充物。将稀释后的花粉，装入小瓶中备用。配置花粉要随用随混，不宜久放。在开花期（2～4 天）间，用毛笔或软橡皮蘸粉点授于盛开花的柱头上，每蘸 1 次，可点授 5～7 朵花，每花序可点中心花或 1～2 朵边花。花多的树，可在先疏蕾的前提下，或按距离、隔序点授；花少的树，要多点多授，树冠内膛的要细致点授。点授时间以上午为宜。以点授第一批花效果最佳。有花腐病的果园，应于蕾期点授。点授坐果率可比不点授提高 38％～59％。据有关试验报道，红富士苹果树人工点授的花序坐果率和花朵坐果率分别为 56.7％和 28.2％；环剥加人工点授的相应为 63.4％和 34.1％；环剥的相应为 25.6％和 14.1％，而对照分别为

21.7％和 10.6％。

④液体授粉：将采集的花粉配成糖尿花粉液，喷在树上，可提高授粉工效 5～10 倍，适于大面积果园应用。花粉液的配方为：水 10 千克、砂糖 0.5 千克、尿素 0.03 千克、花粉 20 克左右、硼酸 0.01 千克。先将糖溶于水中，制成 5％的糖溶液，同时加入 0.03 千克尿素，制成糖尿液，然后再取 0.05 千克砂糖，加到 0.5 千克水中，配成 10％的糖液，加进干花粉 20 克左右，搅匀、过滤到配好的糖尿液中，即成糖尿花粉液。为提高花粉发芽率，喷前加入硼酸 0.01 千克，配后即用喷雾器喷布，每株树喷 0.15～0.25 千克。一般要求在全树花朵有 60％左右开放时喷布，喷时要均匀周到。据报道，授粉园片比未授粉的增产 209.2％，因此，效果十分显著。

⑤机械授粉：将采集的花粉用 100 倍左右的填充物稀释，用喷粉器喷到花上，经济有效。树小时可把花粉放到 2～3 层纱布袋中，用绳拴在长竿上，在树冠有花部上面，轻敲长竿震出花粉，也可提高授粉效率。

（4）蜜蜂授粉：花期放蜂，对提高坐果率有良好的作用。每 10 亩红富士园放 1～2 箱蜂，蜂箱离果园距离不能超过 500 米。近年，我国从日本引进的角额壁蜂和凹唇壁蜂等，其授粉能力是普通蜜蜂的 70～80 倍，只要每亩果园释放 80 头蜂就可完成授粉任务，使苹果树坐果率提高 30％～50％，果品质量相应提高，放蜂回收率为 5～10 倍。目前，该项技术已在山东、辽宁、甘肃等苹果产区扩大推广。

（5）疏蕾、疏花、疏果：疏除部分花、果，可以节省大量养分，使有限的营养物质集中供应给保留的花、果，使其发育正常，不易脱落。

①疏蕾、疏花：蕾期、花期，细致疏除弱花蕾、弱花（花器瘦

小、花器不全、莲座叶少而小的)、受冻花、密生花,以集中营养,增加坐果。

②以花定果:在花期天气条件好、坐果有把握的果园,根据树体的适宜负载能力,确定留果数量。从花蕾期开始,至盛花期前,一次疏留好花,红富士按20~25厘米留1个花序,每序只留中心花,可使花序坐果率达到95%~100%。在花期气候不良时,每序可留中心花和1个边花,比较保险。

③疏果:在幼果期,7月底以前,细致检查,将病虫果、畸形果、小果、密生果间疏掉(包括1个果台上双果、3果的,仅留中心果),有提高坐果率的作用。

(6)喷布植物生长调节剂等:①盛花后12周喷布600ppm多效唑,百台坐果率为31.0%,对照(未喷)为9.9%。②据陕西省淳化园林场试验,花期喷80倍食醋或800倍醋精液,也有提高坐果率的效果。

三、高产、稳产技术

对于红富士苹果来说,高产可以达到,但稳产优质就比较困难。因在高产年里,孕育着低产的因素,抑制花芽的形成,也限制了果品质量的提高。因此,要解决好高产与稳产、优质这一对矛盾并不是件容易的事。

(一)成龄树高产、稳产的树相指标

1. 栽植密度适当 根据当地生态条件、砧-穗组合、树形选择等,确定合理的栽植密度,即进入盛果期时,株间刚刚交接或交接率小于树冠的10%,行间留有1~1.5米的空隙,全园枝叶覆盖度在 80％以下,行间射影角*一般在 49°以下为宜。在上述条件下,可以合理利用空间、阳光和地力。树冠高低、大小合适,内膛不存在或很少存在遮光叶、"寄生叶",果实分布均匀,着色良好,树冠内外一致、上下一致。

2. **整齐度** 一片果园的树冠大小、产量、生长势等整齐一致,不缺株,即园貌好,整齐度高。这种果园,能充分利用地力和光能,最大限度地发挥单株与群体的生产潜力,因此,可以获得高产、优质。相反,一片整齐度低的果园,年龄不等,树体高低悬殊,树冠参差不齐,有的缺株断行,有的缺枝少杈,即使个别植株能够达到高产,但因低产,小老树比例较大,总体产量、质量仍然很低。对这类果园,应偏施肥水,用修剪、负载量等进行调整,使全园植株整齐度超过 85％,以利稳产优质。

3. **树势与树龄结构** 红富士苹果盛果期树常有生长与结果,营养积累与消耗,产量与质量等矛盾。为了稳产优质,要求树势中庸、健壮。新梢年生长量 25～30 厘米,在枝类组成中,长枝占 20％左右,中、短枝占 80％左右,果台副梢在 10 厘米以下。一类短枝占短枝总量一半以上,6 月末以前,有 70％～80％的枝停止生长,平均单叶面积 30～38 平方厘米,秋梢短而少,叶片为绿色稍淡,叶色级在 5～5.5 级之间(按 8 级区分)。叶片含氮量在 2.3％～2.5％之间。

但在生产上常有旺树、弱树出现。旺树特点是:全树枝多、旺长,长枝比例大于 20％,新梢年生长量超过 50 厘米的在 50％左右,秋梢长度超过春梢,短枝比例在 50％以下,一类短

---

* 行间射影角,也叫确形角。该射影角即树冠基部与邻行树顶部连线,与水平面间的夹角。为保证光照,一般要求该角度在 49°以下,可以满足丰产、优质要求。

枝少于 20%,长梢叶大而浓绿肥厚,短梢叶小而薄,芽子瘦小,花芽少,产量低,质量差。弱树的特点是:枝细而短,叶片小、黄、薄、脆,短枝细而硬,顶芽瘦小、鳞片少,花少质差,落果重,产量低。上述旺、弱两类,均属树势不稳定类型,应通过综合管理,将其逐年调整到稳产、中庸树状态。

良好的植株年龄结构是保证丰产优质的基础,一般要求乔砧红富士树龄在 10～25 年生之间,矮化中间砧红富士树龄在 20 年以内,矮化砧红富士树龄在 15 年以内,即及时更新衰老树,使大部份结果树处于健壮,结果效率高的状态。

4. 总枝(芽)量 总枝(芽)量,是全树 1 年生枝的数量,即长、中、短(叶丛枝)枝的总和。在一定范围内,单位面积枝量多少与产量的高低呈正比。在枝(芽)量太少时,难以获得丰产、稳产;但枝(芽)量太多时,树冠郁密,光照不良,花芽质量差,数量少,坐果率低,也不易丰产、稳产。据邱毓斌等研究调查,红富士苹果亩产 2 000 千克,亩枝(芽)量需要 8 万条左右;亩产 2 500 千克,亩枝(芽)量需要 10 万条左右;亩产 3 000 千克,亩枝(芽)量需要 12 万条左右。一般说,要取得高产、优质、稳产,亩枝(芽)量 5～9 万条就完全可以了。但目前,许多红富士密植园枝量在 15 万条左右,对优质稳产极为不利。

5. 花芽留量 一株树花芽留量多少与产量高低密切相关。单株花芽留量过多,超过树体适宜负载能力,开花、坐果、幼果发育消耗大量贮藏营养和当年光合产物,严重影响春梢生长和成花,还会导致大量落花、落果,使产量得不到保证。如果花芽留量合适,既能确保当年开花、坐果,又能有利于果大质佳和当年成花及次年坐果,从而实现稳产、优质。一般要求花芽分化率占总枝量的 30% 左右,冬剪后,花芽、叶芽比 1∶3～4 为宜,亩花芽留量 1.2 万～1.5 万个;过多时可通过花前复剪和疏花、疏蕾来调整。

6. 果实留量 单株果实留量直接关系到当年产量、品质和成花情况,也会影响树势和抗寒能力。在一定范围内,留果量越多,采收产量越高。但果实留量过多,往往导致树弱病多,果小质差和大小年现象严重,甚至因树体内贮藏营养严重不足,遭受冻害和出现抽条现象。因此,对红富士苹果高产、稳产、优质来说,要求亩产处于1 500~2 500千克之间时,亩留果量应为10 000~13 000个。当亩产控制在2 500千克时,亩留果量应为12 500个;亩产2 000千克时,亩留果量为10 000个;亩产1 500千克时,亩留果量为7 500个果左右。在一定果实负载量下,苹果树通过其自身的调节能力,将产量和质量维持在适宜水平,从而保持最佳的树体状态和生产能力。

7. 果实质量 红富士苹果生产的重要树相指标,是果实品质问题。在上述适宜参数的前提下,要求单果重在200克以上,一级果率在80%以上,果实着色面积在80%以上,果实可溶性固形物含量占14%以上,果形端正,果面光洁(表2—1)。

8. 枝类比 长、中、短枝比例(简称枝类比)合理与否,是盛果期红富士树丰产、稳产、优质的重要指标之一。它反映树势、生长节奏、树冠状况和结果能力等。例如,长枝比例过大,说明树势旺,光合产物消耗多,积累少,成花难,坐果差,产量低而不稳。如果中、短枝比例合适,前期生长集中,及时停长,叶片工作时间长,同化产物积累多,有利于成花、结果。当然,除枝类比例之外,还有枝的质量问题。如果短枝、叶丛枝粗壮,有效叶片大而多,芽体饱满;果台副梢长度适中,叶大粗壮,均可大部分成花,次年结果。一般丰产稳产园枝类比是:长枝占全树总枝量的20%左右,其中带秋梢的长枝不超过总枝量的8%;中、短枝总数占总枝量的80%左右,且历年比例稳定。

表 2-1　苹果质量等级规定指标 （GB10651-89）

项　目	等　级		
	优等品	一等品	二等品
品质基本要求	各等级的苹果，都应果实完整良好，新鲜洁净，无异常气味或滋味，不带不正常的外来水分，细心采摘，充分发育，具有适于市场或贮存要求的成熟度		
果　形	具有本品种应有的特性	允许果形有轻微损伤	果形有缺点，但仍保持本品种果实的基本特征，不得有畸形果
色　泽	鲜红、浓红,66％果面着色	鲜红、浓红,50％果面着色	鲜红、浓红,25％果面着色
果径（最大横切面直径,毫米）	≥70	≥65	≥60
果　梗	果梗完整	允许果梗轻微损伤	允许无果梗，但不得损伤果皮
果　锈	果锈是苹果中若干品种的果皮特征，为不影响外观，应符合下列规定的限制：		
①褐色片锈	不超出梗洼，不粗糙	轻微超出梗洼之外，表面不粗糙	超出梗洼或萼洼之外，表面轻度粗糙
②网状薄层	允许轻微而分离的平滑网状不明显锈痕,总面积不超过果面的1/10	允许平滑网状薄层,总面积不超过果面的1/5	允许轻度粗糙的网状果锈,总面积不超过果面的1/2
③重锈斑	无	允许最大面积不超过果面的1/20	允许最大面积不超过果面的1/3

项 目	等 级		
	优等品	一等品	二等品
果面缺陷	无缺陷,但允许下列规定十分轻微不影响果实质量或外观的果皮损伤不超过 3 项	允许下列规定未伤及果肉,无害于一般外观和贮藏质量的果皮损伤不超过 3 项	允许下列对果肉无重大伤害的果皮损伤不超过 3 项
①刺伤(包括破皮划伤,破皮新雹伤)	无	无	允许不超过 0.03 厘米^{2}的干枯者 2 处
②碰压伤	允许十分轻微的碰压损伤 1 处,面积不超过 0.5 厘米^2	允许轻微碰压伤,总面积不超过 1 厘米^2,其中最大处不超过 0.5 厘米^2	允许轻微碰压伤,总面积不超过 2 厘米^2,其中最大处不超过 1 厘米^2,伤处不得褐变,对果肉无明显伤害
③磨伤(枝磨、叶磨)	允许十分轻微的磨伤 1 处,面积不超过 0.5 厘米^2	允许轻微不变黑的磨伤,面积不超过 1 厘米^2	允许不严重影响果实外观的磨伤,面积不超过 2 厘米^2
④水锈和垢斑病	无。允许十分轻微的薄层痕迹,面积不超过 0.5 厘米^2	允许轻微薄层,面积不超过 1 厘米^2	允许水锈薄层和不明显的垢斑病,总面积不超过 1.5 厘米^2
⑤日灼(日烧病)	不允许	允许桃红色及稍微发白者,面积不超过 1 厘米^2	允许轻微的发黄的日灼伤害,总面积不超过 2 厘米^2

9. 叶面积系数 一般不超过 5,多维持在 3~5 之间较好。

10. **枝、叶地面覆盖率** 以 65%～70% 为宜。最多不应超过 80%。覆盖率过高，树冠中、下部光照恶化，严重缺乏侧光和地下光，使中、下部、内膛果着色不良，全红果比例下降。

11. **落叶率** 10 月份以前，病虫害造成的全树、全园落叶率不超过 10%，可保证果实正常成熟与着色。

12. **病虫果率** 一般控制在 5% 以下。

(二)低产、大小年原因分析

目前，红富士苹果低产果园还占有相当大的比重，在一些地区，亩产平均不足 500 千克、大小年现象严重、果实品质低劣的果园，约占总面积的 30% 以上。为什么会出现上述情况呢？主要原因是：

1. **盲目追求扩大果园面积** 一些新果区规划发展果园面积过快、过大，人均果园面积有的在 2 亩以上，一个劳力管理 8～10 亩果园以上，在当前机械化水平不高的条件下，难以做到精细管理。由于果园面积与农作物面积严重失调，随之出现果园肥料和秸秆等材料来源的困难，还会产生品种更新、园块倒茬的困难等。

2. **果园基本条件未得到彻底改善** 许多果园，由于建园准备不足，如坡地未修水平梯田先栽树，滩地未掏沙换土就栽树，平地未施基肥就定植等。仓促栽树后，限于劳力、经济条件，果园基本建设很差，如：土壤不能深翻熟化，严重缺乏有机质；土质坚硬，肥力低下；尚未建起排灌设施，水分得不到保证；山地果园未整修水平梯田，水土流失相当严重；有些果园只有围墙而无防护林，等等。红富士苹果树对环境和栽培条件的要求比其它品种高，如果果园基本条件很差，即使有了好品种，其产量、品质也不会好。

3. 果园品种混杂,园貌不良 前些年,由于苗木混乱,品种严重不纯,使建成的果园杂乱不堪,树冠大小不齐;有的果园红富士品种单一,缺乏足够比例的授粉树;有些果园连年冻害,抽条严重,树冠大小、高低参差不齐,整齐度很差。有些矮砧红富士园,对各种砧-穗组合未采取针对性强的整形修剪技术,使一些植株东倒西歪,竟成"小老树",失去增产潜力。

4. 栽植过密,树冠高大,不便管理 近年栽植的普通型红富士多数较密,行距3~4米,株距2~3米的到处可见。虽然采用的是小冠树形(自由纺锤形、细长纺锤形),但由于树势旺,强枝多,树冠高大,交接封行早,亩枝量在15万条以上,许多田间操作难以进行。这类果园花芽形成量少,果实着色差,历年产量低。

5. 对果园投资力度不够 许多栽果树的果农,都是经济基础较差的农民。虽然知道"要想富,栽果树"的口号,但不深刻理解"要想富,管好树"的道理。往往是,栽后任其生长,什么时候果树挂果了,什么时候才肯多投入和精细管理。这种果园一般是结果晚,产量低。按当前物价、工价计,1亩优质丰产园,需要投入2 000~4 000元,其中:劳力30~40个,计300~500元,肥料500~800元,水电费200~500元,农药费200~400元,增质激素类物质500~600元,套袋500~1 000元,其它100~200元,农林特产税300~500元。在投资力度上,各地、各户差异很大,但总的趋势是高投入高产出,低投入低产出。一般专业户难以做到高投入。真正达到上述投入水平的,可能不足10%。

6. 科技含量少 红富士苹果优质、丰产、高效益,是靠多种高新技术的综合应用来保证的。一般管理技术是不能生产个大、色红、形正、质佳的红富士苹果的。高新技术的实行需要有充分的思想认识,一定的经济实力和劳力保障做基础。目前,全面推行多种高新技术,如套果纸袋,铺银膜反光,果实拉长剂、膨大剂、增红剂、光洁剂、防寒保水剂等,多数果农虽颇感兴趣,但从经济上还难以承受。但这些新技术效果明显,经济效益高,可通过多点示范,逐步应用于大面积生产。

(三)高产、稳产对策与措施

1. 加强土壤综合治理 盛果期树根系逐渐布满全园,为保证正常生长与结果的需要,根系必须从土壤中吸收大量的营养和水分。因此,要为根系创造一个优越的环境,例如加深活土层厚度,改善土壤理化状况,提高土壤保水、保肥能力等。

(1)土壤深翻熟化:土壤深翻对诱导苹果根系向深、广方向发展有明显的影响,促进总根量和吸收根大量增加。

①深翻时间:土壤状况不良的果园,一年四季均可进行深翻,但以秋季采收后较好。这时进行深翻,一是不影响果实后期生长、成熟,二是断部分根后,仍能愈合、发根,有利于次年生长结果。

②深翻方式、方法:深翻方式主要有扩穴深翻(即'放树窝子')、隔行深翻和全园深翻。盛果期树多用后两种深翻。

密植园,株行间较窄,树冠交接早,挖沟施肥困难。因此,应先进行株间深翻,待株间挖通后,再从行间挨紧树行,逐年向外挖通沟深翻。根据劳力和肥料情况,可进行逐行或隔行开沟深翻。根据生产经验,最好是集中人力、肥料,一次完成深翻较好。如果一次完成有困难,也可分段、分片完成放通树窝子。这样,既能避免因分次深翻而出现漏翻的夹层现象,又能相对节省劳力。此外,深翻还应注意:

第一,深翻位置要每年轮换,以免伤根太多和将施的肥料捣来捣去,不利根系恢复与扩大。挖翻土壤过程中,尽量少伤直径1厘米以上的粗根,对各种粗根的伤口,要用剪子剪成齐茬,以利于愈合发根。

第二,挖深翻沟时,如果是在树冠下,要里浅外深,里窄外宽,最深不超过1米,最浅在30厘米,无论放树窝子或挖条沟深翻,一定要与上次深翻沟接茬,不留中间隔层,同时,要表土、底土分放、分填。

第三,深翻后暴露的根不能久晒、受冻,要及时填土封沟,分层踏实。

第四,深翻一定要结合分层施入大量有机肥,以熟化下层土壤。先将不易腐烂的树枝、硬秸秆,打开捆,分层而均匀填入深翻沟的底部,并撒上少量氮肥(如碳酸氢铵、尿素等);然后在沟的中部填回表土、易腐烂的草肥、绿肥和复合肥;最后,将剩余底土填到沟的上层(20厘米以内)。

第五,覆草果园深翻施肥时,要扒开覆盖物,翻后填平浇水,再把覆盖物摊平复原。如果全园覆草(覆草前土壤已翻过),大约过4~5年进行一次全园深翻,树盘内深20~30厘米,行、株间40~50厘米,以不伤、少伤直径1厘米以上的粗根为宜。种绿肥果园,开沟深翻,分层压绿肥,填平土壤,滩地果园也可就地翻压绿肥,改土效果均好。

第六,填土后,要分层踏实,然后灌透水,使根与土壤密接。干旱地区,应趁墒情边开沟,边分层回填,边踏实,以利保持土壤湿度。

(2)保持水土:山地果园要因地制宜修筑水平梯田、复式梯田、反坡梯田,以大量接纳自然降水,保住水土。每次大(暴)雨过后,都要清理田面、排水沟、台田水沟。冬春季,结合刨园,修补土埂、田面,清理竹节沟和沉淤坑。培护好裸露的根系等。

（3）**松土除草**：目前，我国大部分红富士苹果园，仍沿用着清耕制。为了防止杂草丛生和土壤板结，应经常中耕松土，雨后或灌水后，抓紧松土除草。用除草剂的果园，注意不要让药液溅到树的枝叶上，以免出现药害。

（4）**采用合理的土壤管理制度**：根据我国国情和自然条件，应大力提倡覆盖制、生草制，逐年减少间作制，尽可能废除清耕制。随着密植果园的发展，行间较窄，用草量不多，覆盖制似乎更有发展前途。山东省苹果园秸秆覆盖面积已达到500多万亩，颇受果农欢迎。其它苹果产区也在大力推广中。

（5）**综合治理**：坡地果园应尽可能实行密植栽培，株行距一般要比平地各缩小0.5～1米，并采用种绿肥、覆盖有机物、修梯田、深翻等措施，加深土层，改良土壤。沙地果园，除必须营造防风固沙林外，有条件的应抓紧雨季引洪漫淤；无水源条件的，可客土换沙，大力增施有机肥。盐碱地要深挖排水沟，修筑台田，用水冲碱，加强排水，客土压沙，种植绿肥作物或生草，营造防风林等。酸性土壤果园注意施用石灰中和酸性，使土壤保持中性。

2. 合理调控土壤水分

（1）**果树需水量**：水是苹果树体的重要组成部分。树干中水分占50%左右，根、嫩梢和叶片中水分占60%以上，果实中水分占80%～90%，甚至更多。据报道，1株8年生苹果树，在生长期间，每小时蒸腾水分达16.4克，每天每亩蒸腾量可达2.04立方米水。1株苹果大树，生长期间蒸腾500～1000千克水，夏季每亩果园蒸腾量达200～330立方米水。从植株需水动态看，春梢迅速生长期需水量最多，称需水临界期；冬季休眠期内，因无叶片蒸腾作用，需水量很少，但也需一定的水分供应。秋季苹果枝条含水量在 47%～67%，休眠期逐渐降到 16%～49%。如果休眠期枝条失水太多，超过 50%就会发生抽条和冻害。

我国大部分苹果产区的降水分布，不能充分满足红富士苹果树生长结果的需要。常有春旱、伏旱、冬旱和秋涝发生，给树体发育造成巨大影响，甚至导致某些类型砧木的富士树受冻旱、抽条，或使果实出现个小、果面裂口等现象。鉴于雨量分布与果树需要不相适应，所以加强果园水分管理，做到保水、节水、合理调控水分供应是十分重要的。

（2）保墒技术：我国多数苹果园灌溉条件较差，主要靠保墒措施防止和减少土壤水分的大量散失。主要方法是：

①顶凌刨园：返浆期及时刨园、耙糖。

②深刨树盘：每次降水或灌溉后深刨树盘，或中耕保墒。

③松土除草：上层土壤干旱时及时镇压提墒；雨季开始时浅耕园土，立垡不糖；雨季结束时，浅耕耙糖，蓄水保墒。

④深翻树盘：结合秋施基肥，深翻树盘，逐年扩大树穴，整修树盘、树带，及时耙糖、搂平。

⑤覆盖：利用秸秆、杂草、绿肥和塑料薄膜覆盖树盘、树带，乃至全园，保墒效果更好。

（3）节水技术：

①减少树体无效枝对水分的消耗：如疏除树上无用枝、密生枝、衰弱枝、寄生性枝等，会明显减少树体枝叶的无效水分消耗，从而保证有用枝、叶、果的水分供应。

②穴贮肥水：近年推广的旱地保水技术之一"穴贮肥水"技术，使有限的水分充分发挥作用，做到以水补肥，以肥济水，在小范围内为根系创造适宜的土壤水分状况。

③使用保水剂：据报道，使用抚顺化工研究院生产的保水

剂,有明显的蓄水作用。土壤中以 500:1 的比例加入保水剂,全年可提高土壤含水量 2%,同时有减少土壤容重、增加土壤孔隙度的良好作用,能使树体发育好,新梢生长量增加140.3%,树高增长 48.4%,干周增粗 192.9%。这种保水剂喷到树上,可形成一种白色保护膜。落叶后喷洒,可存留 70~80 天。发芽前喷洒,可存留 25 天。涂抹接穗上可存留 20 天。以后风化为白色粉状物,无污染、无毒害。

（4）灌溉技术

①树盘灌:幼园多用此法。灌前修好水道和树盘边埂,即可放水入盘,用水量较多,1 亩果园,1 次灌溉量需 80~120 立方米水。灌后土壤表层易板结,肥料流失,淋溶多。

②沟灌:在水源不足的果园,可于树冠下开轮状沟,株间开短沟,灌水量较少,破坏土壤结构轻,现生产上用得较多。

③滴灌:可为局部根系连续供水,保持原来土壤结构,水分状况稳定。此法比较省水、省工,对防止土壤次生盐渍化有明显作用,可增产 20%~30%。目前,滴灌设备投资每亩 200~300 元,干旱地果园滴灌,1~2 年内便可收回投资。

滴灌的次数、水量因土壤水分和果树需水状况而定。每株树根据树冠大小,设置 3~6 个滴头,每个滴头每分钟 22 滴,每小时约滴 4~5 千克水,连续滴灌 2 小时即可。旱时,每周灌2 次。首次滴灌要使土壤水分达到饱和,以后,土壤湿度宜稳定在田间最大持水量的 70%左右。

④渗灌:在地下一定深度铺设输水管道和渗管,靠水的压力,在管壁渗出,以保持根际土壤有适宜的湿度。其优点是省水、省力、省钱和快捷。最近,山西运城地区大面积推广果园渗灌技术,得到果农普遍而热烈的欢迎。此项技术由李联成研制成功。他总结出的塑管渗灌技术成套经验是:埋管长度以百米

为宜,1行苹果树以两旁埋管为佳,距树70～90厘米,眼孔1毫米,眼距90厘米,5亩果园修1座渗灌池。也有用串连式渗灌法的,即将几个渗灌池从池底用管子相互连通,一池有水,连接的各池水均与它同多。若一家果园需要灌溉,则相当于几个池为其供水。塑管渗灌的优点:一是节水。渗灌1亩果树,1次需浇水13立方米,相当于19毫米的降水量,比地面大水漫灌亩节水47.5立方米。二是水利用率高。常规灌水,根系利用率仅为20%,渗灌利用率可达80%。三是投资小。每亩一次性投资100～130元,使用期可长达数十年。四是化肥可以随水直达根部,减少了肥水流失和挥发。五是地面不板结,减少耕作次数,浇水用工极少。此灌溉法可大幅度增产增收。1994年李联成的4亩果园渗灌3次,亩用水60立方米,亩收入2 500元,而同村、同品种、同龄果园,地面大水浇2次,亩用水170立方米,亩收入仅为1 000元。由于具有上述优点,1995年9月在运城地区召开了全国节水现场会。这一技术如在大多数旱原果区普及推广,苹果产量、质量会大幅度提高。

⑤管道灌:在地下铺设管道,在地面上接管灌溉,可节水70%。同时,兼有喷药的功能,接上药管即可喷药,工作效率大大提高。

⑥塑料袋简易滴灌:将直径3毫米的塑料滴管,截成10～15厘米的小段,将一端剪成马蹄形。在马蹄形最顶部留高粱粒大小的孔,其余部分用火烘烤粘合。将滴管另一端平剪,插入塑料袋(容水量30～35千克)约1.5～2厘米,然后用铁丝扎紧。扎时要掌握松紧度,过紧出水慢,过松出水快或漏水。出水量以每分钟110～120滴、每小时达2千克左右较宜。

在树冠外围垂直投影的地面上,挖3～5个距离相等的坑,坑深20厘米左右,倾斜25度。将盛满水的塑料水袋顺斜度放入坑中。水袋不宜平放,否则因压力小,出水困难。放好水袋后,将滴管埋入 40 厘米深的土层中。为防止塑料袋老化,可在其上覆薄土、尼龙化肥袋等加以保护。此法可就地取材,省钱、省工,效果较好,易为果农所接受。

(5)排水技术:红富士树性喜湿润土壤,但怕水淹。为此,低洼果园要特别注意雨季排水。方法有 3 种:

①平地排水:每隔 2～4 行树挖 1 条排水沟,沟深 50～100 厘米,再挖排水支渠和干渠,以利果园排水。

②山地排水:靠梯田壁挖深 35 厘米左右的排水沟,沟内每隔 5～6 米修 1 个长 1 米左右的拦水土埂,其高度比梯田面低 10 厘米左右,称"竹节沟"。在其出水口处,挖个沉淤坑(长 1 米,深、宽各 60 厘米),在其上面修个石沿"水簸箕",以免排水时冲坏地堰。

③暗沟排水:在解涝地的地面以下,用石砌或用水泥管构筑暗沟,以利排除地下水,保护果树免受涝害。

通过上述排、灌技术,对一般的土壤条件,要求不同时期有相应的供水能力。在苹果树生长前半期,土壤相对持水量为 70%～80%。果实膨大期土壤相对持水量为 60%～70%。果树生长后半期,应使土壤相对持水量下降到 50%～60%。

3. 合理施肥

(1)施肥依据:要做到合理施肥,必须因树、因时、因肥料状况、因地制宜。具体说,要根据以下几点判断树体营养盈亏,确定施肥。

①树相诊断:一般说,树体外观形态——树相,反映树体营养状况,例如,红富士叶色越黄,说明营养越差,树势越弱;反之,叶色越深绿,说明营养越足,树势越强。日本将红富士叶色由黄绿到深绿共分为 8 级,做"叶卡",以供应用。叶色与叶

片含氮量有明显相关性,叶色 1～4 级间,叶片含氮量在 2.2％以下,营养较缺;叶色 5～6 级者,叶片含氮量在 2.5％～2.6％之间,属中庸树势,叶色正常,结果良好;叶色 7～8 级间,叶片含氮量超过 2.6％,氮肥过多,树易旺长,影响果实着色。所以,凡叶色在 4 级以下者,应补充施肥,并应适当减少花、果留量,以复壮树势;叶色在 7 级以上者,应减少施氮量,适当加大花、果留量,注意疏枝,解决光照等,以改善果实着色状况。

②土壤分析:从果园里,挖取 0～20 厘米、20～40 厘米、40～60 厘米土样,土样要有一定代表性(如采用"五点取样"法,"十字交叉"法等)。土样经过晾干、磨细、过筛等处理,测定土壤质地、有机质含量、酸碱度和氮、磷、钾、钙及各种微量元素的含量。依据数据分析结果,对照丰产果园的相应参数,判断某种元素盈亏程度,再决定施肥。有些果园栽树前取土样分析得出一系列数据。结果后再取土样分析,许多元素含量波动较大,甚至有的元素含量大幅度下降,说明已为果树根系所吸收,应给以适当施肥补充。日本长野县根据土壤肥力高低分别施肥,每年亩施用纯量(千克):肥力高土壤氮、磷、钾分别为 8.0、2.7、6.7;肥力中等土壤相应为 10.0、3.3、8.0;肥力低土壤相应为 13.3、4.0、9.3。我国各地土壤类型差异较大,肥力高低悬殊,应依肥力状况,针对性施肥。

③叶分析:分析苹果新梢一定部位的叶片营养元素含量,能判断出体内营养水平、元素丰欠,了解树体对某种肥料吸收利用的情况,诊断肥料成分的过量与不足。采样方法是:在计划进行叶分析的果园里,应于 7～8 月份,新梢已经停止生长,叶内各种元素含量变化小时,采叶分析,其数据才准确可靠。采叶时,应选择有代表性、生长结果正常的树 5～10 株,每次

每株树采 10 片叶(树冠外围东西南北四个方位的叶子),混合样不少于 100 片。用洗涤剂水和自来水、无离子水将叶上污物冲去,放通风干燥处阴干后,送分析单位测试。分析单位经过叶样制备和常规化学、仪器分析,测出各种元素含量。然后,对照标准值,判断树体内营养状况,并据此提出相应的施肥建议(表 2-2)。据有关分析,红富士苹果树叶片含氮量一般在2.2%~2.95%之间,标准量为 2.5%~2.6%;若氮含量在2.0%~2.2%之间,则为氮素不足;2.0%以下,为缺氮状态,应及时补氮;若氮含量在 2.6%以上,则为氮素过量,应控制施氮。

表 2-2 中华人民共和国国家标准叶样参比值

元 素	含量平均值	95%置信限	变异系数(%)
常 量 元 素 (%干基)			
氮	2.42	2.36~2.48	3.9
磷	0.176	0.166~0.186	8.1
钾	1.61	1.51~1.71	10.8
钙	1.48	1.42~1.54	6.7
镁	0.471	0.433~0.509	11.5
微 量 元 素(毫克/千克干基)			
铁	117	108~126	12.0
铜	31.8	29.5~34.1	10.0
锰	25.2	24.6~25.8	3.5
硼	36.1	32.8~39.4	10.2
锌	14.8	14.1~15.5	6.7

④土壤状况:我国红富士苹果栽植面积大,土壤类型复杂,土质、肥力等不尽相同,必须因地制宜施肥,才能产生理想效果。例如,土层深厚、有机质含量高、保肥力强的果园,追施氮肥应量少、次少;相反,沙地、瘠薄地,保肥力差,肥料随水流失严重,肥效期短,追施氮肥应勤施、少施。生长季里,可追肥

3～5次,每次株施50～200克,追肥多少因树冠大小而定。一般在土壤腐殖质多、土层深厚的冲积土上,每年亩施纯氮4～5.3千克。在土壤腐殖质少、土层浅薄的果园,每年亩施纯氮5.3～6.7千克。在有效土层浅的沙土上,每年亩施纯氮6.7～8.0千克为宜。西北黄土高原果区土壤中普遍缺磷,应增施磷肥。渤海湾果区普遍缺钾,应多补钾肥。

⑤树势与年龄状况:树势反应肥料供应能力和各元素的配比,树势不同,施肥特点各异。旺树施肥特点是:施肥期,采用前期施肥,促春梢,控秋梢,或秋梢停长后施肥,以免秋梢贪青徒长,或早秋施基肥,并结合深翻断根;施肥应少施或不施追肥;施肥品种以磷、钾肥为主,控制氮肥;施肥方法,宜多深施基肥,加强根外追肥,少作地面追肥。而弱树施肥特点则与旺树相反,应多施有机肥,多施氮肥,多用地面追肥和根外追肥,以加强营养生长,复壮树势。

对不同年龄时期的树,应采取不同的施肥方法。幼树期,树旺成花少,要适当控制氮肥,多施磷、钾肥,施肥位置和深度要逐年扩大和加深。初果期至盛果期,生长缓慢,果量渐增,在施磷、钾肥的基础上,适当增施氮肥,加强深翻,放好树窝子。盛果期至衰老期,结果与生长平衡或结果过多,要着重促进春梢生长,增加营养积累与贮备。所以,基肥应早施、多施、深施,土壤追肥宜次多(3～4次)、量足,并增加喷肥次数,逐渐增加氮肥用量与比例,结合灌水,促进树壮与高产。单就有机肥施用量来说,不同年龄时期亦有变化。幼树期,一般株施有机肥15～25千克;初果期为25～150千克。盛果期树,亩产1 500～2 000千克左右时,应按生产1千克果实施1千克有机肥。若亩产2 500～3 000千克时,要求生产1千克果施入1.5千克有机肥,即亩施4 000～4 500千克有机肥,才能保证丰产、稳产、优质。

⑥结果状况:红富士结果树,大小年结果现象比较突出。为消除大小年,在施肥上要区别对待。

对于小年树,施肥为了提高当年产量,促进春梢生长,控制大量成花,主要施肥期为:

花前施肥,以氮肥为主,施用量为全年施肥量的30%～45%,磷钾肥施入全年用量的10%左右,着重提高坐果率。

春梢旺长期施肥,以氮、磷、钾肥为主,氮肥占全年用量的15%～20%,磷肥为30%,钾肥为40%,着重促春梢生长,减少成花。

春梢停长期施肥,追施全年用量15%的氮肥,20%的磷钾肥,或不施肥,以控制成花。

果实迅速膨大期施肥,追施全年用量的20%的氮,30%的磷,40%的钾,以增大果个和促进着色。

秋施基肥,以有机肥为主,按每千克果施1～1.5千克有机肥的比例施用有机肥。每50千克果补施0.25千克尿素,追施全年用量10%左右的磷钾肥。

对于大年树,施肥的目的是维持正常树势,促进成花,增进果实品质。其施肥特点是:

花前施肥,氮肥施用全年用量的30%,以促进新梢生长。

花芽分化前施肥,施氮为全年用量的20%,磷40%,钾40%,以利成花。

果实生长后期(9月份),施氮为全年用量的20%,磷20%,钾60%,以利增大果个,促进着色,增加树体营养贮备。

秋施基肥,以有机肥为主,氮肥施用量为全年的30%,磷为40%,以利根系发育与吸收,增加树体营养贮备。

(2)肥料的吸收利用:果树根系对肥料的吸收、利用是有一定规律的,概括地说有两种作用。一是增效作用,即土壤中某种营养元素增多,可以提高不同营养元素的营养效果。例如,往含氮量高的土壤中增施磷肥,可以促进含氮有机物的合成。二是对抗作用,即土壤中某种矿质元素的存在可以抵消或抑制其它矿质元素的营养效果。例如,大量施钾,会影响根系对氮、钙、镁、锌的吸收,导致富士苹果苦痘病、水心病的加重。在磷多的土壤里,大量增施磷素化肥,亦能引起铁、锌缺乏病。如当氮增加时,会促进钙、镁的吸收,但抑制钾、硼、铜、锌和磷的吸收。磷过多,抑制锌、钾、镁的吸收。钾过多时,会造成钙、镁、氮、铁、锌吸收的减少。当土壤缺钙时,不利于铵态氮的吸收,铁、锌、硼变成不溶性,难于被根系所吸收。因此,在施肥时,要充分考虑到各元素间的平衡问题,以充分发挥肥效。

(3)基肥:基肥肥效稳定而长,营养丰富而全面,但需经微生物分解,养分才能逐渐释放出来,被果树根系吸收。多施基肥能使幼树生长健壮,适龄结果,也能使结果树丰产优质,所以,栽培红富士苹果,应千方百计增施有机肥。

①基肥种类:基肥中主要是各种有机肥如家畜肥、家禽肥、土杂肥、秸秆肥、饼肥、骨粉、皮渣肥、蹄甲肥、绿肥等;无机肥有过磷酸钙、磷矿粉、钢渣磷肥、硅钙镁肥、钙镁磷肥等。

②基肥施用期:秋施好于春施,早秋施又好于晚秋施和冬季施。在基肥量相同时,连年施入好于隔年施入,肥源不足时,可采用集中施,随有随施。

③基肥施用量:盛果期红富士树枝叶多,产量高,根系遍布全园,尤其是密植园,根系纵横交错,分布密度大,土壤养分消耗多,应得到及时补充。基肥施用量应依产量而定。一般亩产2 000千克左右的富士园,每年要亩施2 000千克以上的优质基肥,即达到"千克果千克肥"标准;亩产2 500～3 500千克

的高产园,每年要亩施4 000～5 000千克优质基肥,即达到"1千克果1.5千克肥"的水平。密植园盛果期早,一般在栽后5～7年生时,亩施3 000～5 000千克优质基肥,个别高产园(亩产4 000千克以上),每年要亩施8 000～10 000千克优质基肥,才能保证优质稳产。

④基肥施用法:基肥主要采用沟施、地面撒施两种。

沟施,当根系尚未占据其营养面积以前,需引根向广、深发展时,可用环状、方块状、放射状和短条沟深施(40～100厘米)农家肥。

撒施,当根系已布满全园时,可将基肥均匀撒于地面,而后耕刨入土,以利表层根系充分发育和吸收养分,尤其在用秸秆覆盖条件下,更容易发挥肥效。

(4)追肥:在基肥营养供不应求时,根据果树需肥情况,及时补肥,可收到事半功倍的生产效果。

①肥料种类:追肥多用速效化肥。目前,速效氮肥有:尿素、硝酸铵、硫酸铵、碳酸氢铵、磷酸二铵等;速效磷钾肥有:磷酸二氢钾、磷酸二铵、氯化钾、硫酸钾和富含磷钾的各种复合肥及果树专用肥等。迟效性的磷、钾肥有过磷酸钙、磷矿粉等。微量元素肥料有:光合微肥(山东产)、美果露(陕西西安产)、氨基酸复合微肥(山西平陆产)、稀土元素(河南三门峡、甘肃金昌等地产)、微肥("农乐盖植素"和"常乐盖植素")、硝黄铁肥、FCU复合铁肥、环烷酸锌、肽微肥等。

②追肥时期:可因实际情况而定。追肥分根部追肥和根外追肥两种。

根部追肥期要依施肥目的而定:为促进幼树扩大树冠早成形,应于新梢生长前和旺盛生长期追肥;为了增强结果树营养生长,可偏重花后追肥;为提高坐果率和增强树势,应侧重春、秋两季追肥；为促进树势缓和,增加枝量和中短枝比例,应于萌芽前施肥；为促进花芽分化,应于春梢缓慢生长—停长期施肥；为抑制成花,花芽分化前不应追肥；为促进树体营养积累,提高抗寒力,应于秋梢停长期施肥；为提高红富士果实着色度,应加强 9 月份施肥。

从红富士苹果各年龄时期的树势来考虑,施肥期安排如下:

第一,幼旺树,宜于春梢停长期(5 月底至 6 月初),追施少量氮肥和适量磷、钾肥,有利于抑制旺长,促进成花、结果。

第二,初果期树,宜在花前、花芽分化前(4 月中旬和 6 月中旬)追施适量氮肥和较多的磷、钾肥,以利成花、坐果、增大果个等。

第三,盛果期树或弱树,宜于萌芽后、春梢旺长前追施适量氮肥和钾肥,可提高坐果率、促进春梢生长和成花,有利于复壮树势。

第四,红富士果实着色与氮素含量密切相关。一般提倡 8 月下旬至 9 月份施氮肥,可以避免秋梢旺长,增加光合产物积累,从而有利于果实着色。

根外追施,主要喷布叶面,因此,从花期以前至采收期均可。但根外追肥目的和肥料种类不同,其喷施时期也不一样。一般,前期以氮肥为主,后期以磷、钾肥为主。微量元素应视树体缺微量元素的程度和微量元素作用而酌情确定喷布期。如为提高坐果,可于花期喷布硼肥,花期前、后喷美果露；为了果大质佳,可于定果后、成熟前喷布氨基酸复合微肥等。

根外追肥虽有一定作用,但施肥次数不宜过多,通常以全年 3～5 次为宜,其中以中后期为主。为减少劳力和水资源消耗,降低生产成本,最好与防治病虫害的喷药相结合(注意混喷的可能性,防止产生药害)。红富士苹果根外追肥时期、浓度、次数列入表 2-3 中。

表 2-3　红富士苹果树根外追肥的时期、次数与浓度

肥料名称	浓度(%)	喷布时期	次　数
尿　素[①]	0.3～0.5	花后至采收后	2～4
	2～3	落叶前 1 个月	1～2
腐熟人尿[①]	15	生长期	1～2
过磷酸钙[①]	2～3(浸出液)	花后至采前	3～4
磷酸二氢钾	0.2～0.3	生长期	2～4
磷酸铵	0.5	生长期	2～3
硫酸钾	0.3～0.5	花后至采前	2～4
硝酸钾	0.3～0.5	花后至采前	2～3
草木灰[②]	3～5(浸出液)	果实膨大期	2～3
硫酸亚铁[③]	0.5	花后至采收	2～3
	2～4	休眠期	1
硫酸锌[④]	0.05～0.1	花落瓣前,萌	1
		芽期采前	
氯化钙[⑤]	2～4	休眠期	1
	1～2	花后 4～5 周	1～7
硝酸钙[⑤]	2.5～6.0	采前 1 个月	1～3
	0.3～1.0	花后 4～5 周	1～7
硼　砂[⑥]	1.0	采前 1 个月	1～3
	0.2～0.3	花落瓣前后	1
硫酸铜	0.05	花后至 6 月底	1
硫酸锰	0.2～0.3	花后	1
钼酸铵	0.3～0.6	花后	1～3
氨基酸复合微肥[⑦]	0.2	花期	1
	0.15	定果后	1
	0.2～0.3	膨大期至采前	约 15 天 1 次
美果露[⑧]	600 倍液	花瓣未展开前	1
(美果灵)	800 倍液	盛花期	1
光合微肥[⑧]	500 倍液	5～6 月份	3

肥料名称	浓度(%)	喷布时期	次　数
肽微肥[9]	100毫升原液 加水 50～80 升	6～7 月份	2
稀土微肥[10]	0.05～0.1	花期、果实发育期	2～3

注:①不能与草木灰、石灰混用;②不能与氮肥、过磷酸钙混用;③治黄化病;
④防小叶病;⑤防水心病、木栓病和苦痘病等缺钙症;⑥提高坐果率,防
治缺硼症;⑦增加坐果,果大、质佳,提早成熟;⑧增加坐果,促使果面光
洁与增大果个,增加着色;⑨果大、色红,病害轻;⑩不能与碱性农药混用

③追肥数量及各元素配比:追肥量与其比例可因具体情
况而定。

首先是施氮量,多数果园施氮偏多,树势偏旺,成花少,产
量低。据我国研究结果,施用纯氮量:幼龄苹果树株施 0.25～
0.45 千克,初果期树株施 0.45～1.4 千克,盛果期树 1.4～
1.9 千克以上。按氮∶磷∶钾 1∶0.5∶1 比例,补磷、钾肥。亩
产 2 500 千克以上时,以每 50 千克果施纯氮 0.4～0.5 千克较
好。施氮过多,往往降低果实品质。

其次是施磷量,在缺磷土壤里,施磷对丰产优质影响较
大。据试验,在辽宁南部,株施 2.5～5 千克过磷酸钙,比不施
磷肥增产 40.5%～284.6%。

再次是施钾量,红富士施钾量对成花量有重大影响,二者
呈显著正比,但对新梢生长影响不大。施钾量多,植株中短枝
比例大,株产量高。一般施钾量(有效成份计)可高于施氮量。
幼树期亩施 8 千克左右,盛果期树亩施 20～30 千克钾肥。

为了使施肥量更加合理,充分发挥肥效,各元素间的配比
十分重要。由于各地土壤状况千差万别,各元素配比也因地而
异。例如,西北黄土高原果区,土壤含磷量普遍较低,且多为钙
质土,磷易被固结,钾也不足,所以增施磷钾肥后,增产、增质
效果显著。据有关调查,每生产 100 千克红富士苹果,需纯氮

0.8～1.0千克,磷1～1.2千克,钾0.8～1.0千克。幼树期氮、磷、钾的比例为2：2：1,结果期为1：1：2。

据研究,辽宁南部苹果园施用氮磷钾比例以2：1：1为宜,个别果园以2：1：2为好。据邱毓斌等研究,苹果幼树施氮、磷、钾的比例为1：2：1;若土壤贫瘠,可增施氮肥,其比例为2：2：1。

黄河故道苹果产区,例如江苏沛县提出,1～3年生树每年追肥2次,每次株施尿素50克或碳铵75克;4年生树,每年追肥4次,发芽前株施尿素100克,花后株施尿素50克,硫酸钾50克,过磷酸钙250克,坐果后每株施磷酸二铵1.25克。安徽省亳州市果树办提出,红富士幼树以每亩施纯氮7千克、磷3千克、钾8千克,氮磷钾比为1：0.43：1.14效果最好。马希满等指出(1994年),石家庄一带红富士结果初期前,依土壤肥力,每年或隔年施土粪3 000～5 000千克,并加入3％～5％的过磷酸钙,追肥2～3次,亩施尿素15～30千克;丰产期,每年秋季,亩施5 000千克土粪,并加入3％～5％过磷酸钙,追施尿素30～50千克,钾肥20～30千克。在此施肥条件下,叶中氮含量2.29±0.31％,磷0.207±0.03％,钾1.56±0.47％,说明各元素比例是比较平衡的。

目前,生产上普遍推广配方施肥或称平衡施肥。所谓复合肥或果树专用肥是含两种以上的元素,符合苹果生长结果的需要,其氮、磷、钾比例多为2：1：1,其中因浓度不同,又有高、中、低之分。高浓度氮、磷、钾含量比为20％：10％：10％,共40％;中浓度氮、磷、钾含量为15％：7.5％：7.5％,共30％;低浓度氮、磷、钾含量为14％：7％：4％,共25％。据试验,中浓度苹果专用肥平均增产26.6％,每生产100千克苹果,需施用4.7千克复合肥;低浓度复合肥平均增产

26％,每生产 100 千克苹果,需施用 5 千克复合肥。

不同年龄时期树配方施肥量不同:1～3 年生幼树,萌动前株施氮、磷、钾复合肥 0.2～0.4 千克;4～9 年生初果期树,花前株施氮、磷、钾复合肥 1 千克,若氮、磷、钾均为单元素肥料时,可按所需配比施入,将全年氮肥用量的 1/2 及全部磷、钾肥 1 次施入,其余 1/2 氮肥,于花芽分化期施入。

盛果期树施复合肥量应视产量而定,一般每产果 0.5 千克,应施复合肥 0.05 千克。

果树氮、磷、钾化肥适宜用量及配比举例如下:

初果期株产 75～100 千克情况下,氮、磷、钾适宜配比为:全年株施尿素 1 千克(含纯氮 0.92 千克),过磷酸钙 3 千克(含磷 0.81 千克),氯化钾 1 千克(含氧化钾 0.60 千克),其有效含量比为 0.92:0.81:0.60,三者配合施用,效果最佳。

成龄果园,氮、磷、钾最佳配比为 2:1:2(渤海湾果区),以标准硫酸铵 20％或尿素 46％,过磷酸钙 17％,氯化钾 60％的含量统一换算,再以总产量高低,按配比混合施入。如果土壤瘠薄,可株施(分两次,3 月和 5 月)混合化肥 1.5～4.4 千克,其氮、磷、钾的配比为 1:1.2:0.7。

在土壤中,如缺乏某种、某几种元素时,可选用不同剂型的复合肥,如高磷型、高钾型、高锌型、高硼型和高铁型等。北京市顺义县果园钾、铁、锌严重缺乏,便配出氮、磷、钾比例为1:1:1,含量各为 10％,铁、锌、硼等各种微量元素占 6％的专用肥。将此种肥料施于红富士果园,显著提高了单果重和株产量。因此,红富士苹果园施用复合肥料或配方施肥是今后施肥的总趋势,应该广泛应用这项技术。

④施追肥方法:根部追肥,可采用以下方法:

第一,浅沟法。在红富士根系密集区的地面上,挖 10 厘米左右深的放射沟,或环状沟、半环状沟、直沟、短沟,将肥料均匀撒入沟中,量大时要与土拌匀,切勿过分集中或大块填入,以免造成肥害,然后覆土填平施肥沟。有条件的灌1次水,以利化肥溶解、吸收。

第二,穴施。一般山坡旱地肥料不足时,在树盘内挖6～12个深40～50厘米的穴,将追肥分层施入,与表土充分混合,覆土填平。也可以先往穴内填充秸秆与杂草,然后撒上化肥,灌足水,上覆小块地膜,令中央微凹并扎小孔,以接纳雨水,孔上压小石块或瓦片,以防穴内水分蒸发。这种方法叫"穴贮肥水",有良好的供水、供肥、保树作用。可在旱坡地果园推广应用。

第三,随灌溉施肥。将肥料溶于水中或将液体肥料随渠水灌于树下,或通过喷灌、滴灌和渗灌系统,将肥料喷、滴、渗到树上或树下,但千万要注意溶液浓度,以免灼烧枝、叶、根系等。此法简单易行,节省劳力,能充分发挥肥效。

第四,全园撒肥。盛果期,尤其密植园,根系密布全园,土壤已经过多年改良,可将肥料均匀撒于园面,但要距树干0.5米以上(因近树干处只有大骨干根而无毛吸根),然后深耕20厘米左右,使肥料与土壤充分混匀。

根外追肥,要慎重选择肥料种类和浓度。喷布时间宜在阴天或晴天的早、晚进行。喷肥要细致、均匀、周到,尤其是叶背、内膛和新梢上半部不要漏喷,以利吸收利用。

4. 合理修剪 在正常管理条件下,红富士苹果树一般栽后6～7年便可进入盛果期。此期树势明显缓和,新梢年生长量多在20～30厘米;结果枝以短果枝为主,中长果枝和腋花芽明显减少(不足30%),产量潜力充分发挥,亩产可高达8 000千克以上。但因红富士果枝连续结果能力差,结果量稍有超载,下年便出现小年。在营养消耗过大时,有时可连续出现两个小年。除其它综合措施外,在修剪上,要保证通风透光,维持良好而稳定的树体结构和树势,以延长丰产优质期。

(1)调节树体结构,改善光照条件:红富士苹果是喜直射光的品种,光照不足,果实着色欠佳,成花少,产量低。近年多数果区栽植红富士密度偏大,又多采用轻剪长放修剪法,多表现枝量过多,尤其大辅养枝、过长光杆枝拥塞树冠,严重影响层间、内膛通风透光,为此,在改造树体上要采取如下措施:

①控制树高:树冠应留多高?这要看行株距大小而定,行株距愈宽,树冠留得越高。一般稀植园树高不宜超过4.5米,最好在4米以下,要注重增加冠幅,降低冠形指数。密植园树高不宜超过行距,一般宜控制在3米以下。当树势已经稳定,树高超过树形规定的高度时,便可进行落头的准备和落头。不论稀植园,还是密植园,行间射影角均不应大于49°角。具体落头法是:

稀植大冠树,在预留的最上部主枝以上,先缓和中央领导干过强的生长势,疏除强旺分枝,其余枝拉平、缓放,1年生枝不短截。必要时,夏季在将来落头部位进行刻剥,使树冠上部大量成花、结果。结果后,树势进一步缓和,顶部主枝开张角度渐趋稳定,粗度与中干相近。如果顶部主枝太大、太强,可疏缩其上过大分枝,以使将来落头后上部有个"小头",维持树冠上小下大轮廓。在落头时,应在顶部主枝对面选一小分枝作"跟枝",它既能帮助伤口愈合,又可防止枝干日灼。本着"1~2年长放,2~3年缓势结果,4~5年去掉"的步骤,在三叉枝上面落头。为防止树冠顶部因一次去枝太多而诱发旺枝旺条,也可采用"二次落头法"落头,即第一次轻轻落头,最后一次再落到计划落头处。

密植小冠树,因树冠超高,下部太荫蔽,也要适时落头。落头部位只要有一个好分枝便可。因中央领导干上部较细,落头处伤疤小,枝条又多,一般不必选在有三叉枝部位。在一个园貌整齐的园子里,要基本达到落头后树冠高度一致、整齐美观、通风透光。

②保持树形轮廓:由于密植、顶端优势和光照条件优势的原因,树冠上部大枝发育良好,几年之内便可形成强大分枝,甚至造成对原中央领导干的较大威胁,或使树冠形成上大、下小的形状。为此,要对上部大枝采取逐年疏、缩过大侧生分枝和对主枝头采用背后枝换头法,缩短枝轴长度并开张其角度(图2-1)。通过改造,使上部主枝长度和枝量小于下部主枝,使第二层以上枝量与基部主枝枝量之比达到2～3：5左右。

③调整骨干枝角度:红富士树冠若不加管理,往往直立向上,呈枪头形或扫帚形。因此,要进一步调整各级骨干枝的开张角度。基部主枝腰角要达到 70°～80°,中部主枝 60°～70°角,上部主枝 50°～60°角。各种小冠树形的小主枝或各侧生分枝要保持 80°～90°角。

④保持层距:中、大冠树形层间距,生长季叶幕层应保证有 50～60 厘米的间隔,对层间辅养枝的处理,要依据具体情况而定,首先应处理影响骨干枝发育最严重的辅养枝;其次,若辅养枝不太碍事时,可疏除其上大的分枝,缩小体积,使其呈单轴细长延伸。过几年,再改造回缩为大中枝组或疏除。在两枝组对骨干枝影响相同时,应先疏除分枝少、结果少的光杆枝、过旺枝。1 年生枝数量较多时,应去直留平、去强留弱,疏发育枝留结果枝。对暂可保留的、花芽少的强旺辅养枝,夏季刻剥,促花结果。

在清理层间时,除辅养枝外,还要控制背上高大枝组和冗

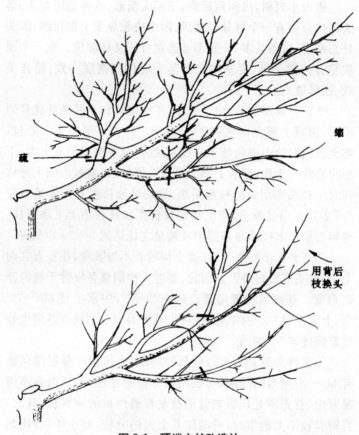

疏

缩

用背后
枝换头

图 2-1 顶端主枝改造法

长的下垂枝组,适度疏间密生枝组,使各类枝组逐渐向骨干枝靠近,下层主枝背上枝组分布高度,不应超过 50 厘米。

在处理辅养枝和大枝组时,应掌握好总修剪量,应分期、分批疏、缩。否则,树势容易返旺,反而影响结果。

⑤保持行间冠距:树冠光照状况与行距冠距有着密切的

联系。一般要求行间射影角≤49°,行间冠距不小于1.5米,全园枝叶覆盖度在78%左右,可以保证树冠东、西两面每天各有3个小时的直射光。为此,要疏、缩伸向行间的大枝或辅养枝,当行间树冠间距还有2米时,就要停止短截延长头,令其自然伸长,有利于开张角度、缓势成花结果,稳定树冠体积和行间冠距,确保行间通行和通风透光。

(2)枝组修剪:盛果期树修剪重点是枝组,通过修剪使枝组达到理想状态。

①各类枝组的修剪:大枝组,应占盛果期树全树总枝组的20%以下为宜,多分布于骨干枝两侧,呈斜生、紧凑状态。大枝组的培养,一部分是由直立枝、徒长枝改造而来,一部分是由中、小发育枝逐渐扩展而来,另一部分则是由辅养枝改造而来。当大枝组衰弱后,首先要缩剪过长的枝轴,集中营养,使其敦实、健壮;其次,利用强枝、壮芽带头,并且在饱满芽处短截,使枝组呈斜生、直立状态;再次是疏剪过弱的多年生分枝,疏截过多、过密、过弱的花芽,减轻负担,恢复长势。

中枝组,可由发育枝截放、大枝组改造和小枝组发展而来。当它衰弱时,一是要改用强枝壮芽带头,延长头饱满芽处剪截;二是疏截过多的花芽,减少负担。

小枝组,常由果枝连续结果而来,也能由中、短枝连放而来,还可能由中枝组改造而来。其衰弱时,更新方法是:用强枝壮芽当头,疏除下垂、细弱部分,切不可重缩,否则易枯死。另外,要疏剪过多的花芽和花、果,并且适当疏、缩其周围遮荫枝组或枝条,以利其复壮。

②不同生长势枝组的修剪:红富士丰产优质树以中庸健壮枝组居多。各种生长势树上,强、中、弱枝组并存,强树上有弱枝组,弱树上也有强枝组。应通过修剪,促进强旺枝组和衰

弱枝组向中庸枝组转化。

强枝组,在修剪上应加大枝组分布角度,疏除强发育枝、保留中庸枝和结果枝,夏剪时可对太强大枝组进行环割或环剥,以缓势促花。

弱枝组,应于中、后部强枝壮芽处回缩枝轴,适当疏除弱的分枝,部分短截发育枝和中、长果枝,少留花、果,以利迅速复壮。红富士结果枝年龄不应超过 6 年,大多应处于 3～5 年生状态,所以应对衰老果枝分批更新。同时,应加强培养新枝组,不断代替老枝组。为使弱枝组有个相当的生存空间,同方向枝组间距要在 30 厘米以上。

中庸健壮枝组,在修剪时要选留中庸偏弱的枝作延长头,并于饱满芽剪截。短截部分果枝,使花、叶芽比保持在 1：3 左右。

③不同结果状况树枝组的修剪:大年树枝组的修剪主要应抓住以下几点:回缩更新衰弱的枝组和密生枝组;疏除过量的花芽、花和幼果,短截果台果枝和中、长果枝;回缩串花枝,短截腋花芽,以减轻产量负担,集中部分营养形成当年花芽。

小年树枝组的修剪要点是:尽量保留各类枝组上的花芽,对中、长果枝和果台副梢不打头;适当疏除过密的无花枝组和衰弱枝组;适当短截强发育枝,以促生分枝,作为更新枝用;除台更新无花的果台枝。

(3)各种类型树的整形修剪:

①丰产稳产树:这种类型树的特点是:树势中庸,新梢年生长量 30 厘米左右,长枝占全树总枝数的 20％左右,中、短枝占 80％左右,花芽占全树总枝数的 25％～30％。历年产量变幅不超过 30％。修剪要点是:

第一,各级骨干枝的延长枝,如有发展空间应于中部饱满芽处剪截,增加分枝,扩大树冠;对即将交接和已交叉的延长头,可长放不截或适度回缩,以减缓树冠交叉程度;注意抑前促后,即适当疏除延长头以下过多、过旺枝,使之保持疏散状态,以利中、后部枝组复壮、稳定。

第二,合理配备各级骨干枝上的枝组。在骨干枝背上,多配备小枝组,两侧以中枝组为主。斜生、下垂枝组可偏大些,但上层主枝上的下垂枝组不宜过大,否则,会影响下层光照。枝组处于发展阶段,周围又有空间者,延长头中截,促生分枝,占据空间。枝组处于维持阶段,要用弱枝、弱芽当头,疏除部分旺枝,缓放中庸枝,调整组内花、叶芽比1∶3左右,枝果比5～6∶1。对衰弱枝组,用壮枝壮芽当头,适度回缩。注意培养新枝组,逐步取代老枝组。使全树充满生机,保持树老枝不衰状态。

第三,留足预备枝。通过修剪调整,使全树花、叶芽比达到1∶3～4。花芽过多时,要对中、长果枝轻截,使其当年成花(即以花芽换花芽),再对另一部分枝条中截或重截、缩剪,以便抽生强发育枝,为下年成花作好准备,即"三套枝"模式,可以确保丰产稳产。

第四,控制好1年生枝。对主、侧枝背上旺枝,要严加管理,采用拉、扭等法,使其斜生、下垂;无用者,及早疏除。对于中庸斜生枝可长放不动。

第五,控制树高4米左右,维持树冠上小下大的轮廓,层间距1米左右,以利通风透光。

②大年树修剪:大年树花芽量和花芽比例过大,修剪要点是:

第一,放手更新,对已交叉、重叠、过密的辅养枝、大枝组,进行适当疏、缩,以改善光照,紧凑枝组。

第二,疏除部分过密、衰弱枝组以及枝组上过多、过弱的花芽,对生长较弱的枝组,可在中部强枝壮芽处回缩,以利复壮。

第三,短截大部分中、长果枝,缓放中短发育枝,使其当年成花;果台枝有花芽者,也要破顶,果台枝过短、过弱者,要除台更新。

第四,注意培养新枝组,代替衰老枝组。

第五,认真疏除多余花、幼果,严格控产,是解决大小年问题的关键技术。

③小年树修剪:小年树花芽过少,其修剪要点是:

第一,尽可能多留可能是花芽的枝,对中、长果枝、果台枝一般不要短截。

第二,对无花枝组,过密者疏除,衰弱者回缩,以利更新复壮。

第三,对1年生枝要适当短截一部分,以减少当年成花。

第四,搞好花前夏剪,对于冬剪时因认不准花芽而多留的枝,进行清理,以减少枝量,改善光照。

第五,对无花芽的衰弱果台枝,应除台更新。

④树冠郁密树的修剪:我国栽培红富士苹果多用密植体制,有些果园栽后3~4年,株间便已交叉,行间空隙不足1米,加之连年轻剪,枝量剧增,内膛郁密。也有些果园外围枝打头多,长条密集,结果部位外移,内膛枝生长细弱,部分枯死。为此,在修剪上要采取下列办法:

第一,树冠细高、超过4米者,可逐年落头开心,使树冠高度降至4米以下。

第二,控制上部主枝、侧枝、枝组数量,使基部主枝总枝量占全树60%~70%。清除层间枝,使第一、第二层间距保持在

50～60厘米,小冠树形上下侧生枝间距也能保持40～50厘米。

第三,适当疏剪外围密生枝、竞争枝,使外围各枝头间保持30～40厘米间距。对于保留枝要少截多放。

第四,及时疏除骨干枝背上直立徒长枝,可利用的,要变向,使之平生和下垂。背上枝组以小型为主,大、中枝组搭配。

第五,骨干枝腰角保持在60°～70°之间。

第六,中、小冠树形,要控制侧生枝量和小主枝数量。如细长纺锤形侧生枝不宜超过20个,自由纺锤形侧生枝在15个以内,小冠疏层形主枝在7个以内,侧枝5～6个。

⑤高接树的修剪:其要点是:

第一,在原砧树树体结构的基础上,确定修剪成某种树形。

第二,对高接枝竞争梢进行扭梢或疏除,使延长梢生长健壮,在6月份生长到60厘米以上时,要进行摘心,利用二次梢扩大树冠,增加骨干枝级次。

第三,除骨干枝外,其余枝皆为枝组或辅养枝,采用扭梢、摘心、拉枝、捋枝等夏剪促花措施,效果非常明显。

第四,开张高接枝角度,由于高接树根系暂时相对庞大,所以,高接树冠直立向上,呈"灯台式",不利及早投产。开张角度主要用拉枝和二次枝换头等法。

第五,适当控制高接枝数量,随高接树的迅速恢复生长,枝条横生竖长,枝量剧增,光照逐年恶化,因此,要控制高接树总留枝量。据国内外经验,全树高接150个枝时,接后第一至第二年里尽量保留结果,第三至第四年,可保留100个枝左右,第五至第六年时,留30～40个枝,接龄10年生以上,宜保留10～20个高接枝。到底留多少,因树冠大小和树形而定。亩总枝量仍然要控制在8～10万个以下。

⑥树势不平衡树的修剪：这种树还可细分为3种类型：

第一种,全树旺长树。这类树多因修剪过重、短截过多所致。在修剪上,要采用晚剪、轻剪和夏剪的方法,除各骨干枝延长头轻剪外,要注意疏除过密、过强枝,其余枝尽可能拉枝长放,待成花结果后,再逐步修剪混乱不堪的树冠。

第二种,上强下弱树。这类树主要是上部留大枝太多、修剪又重所致。在修剪时,主要是抬高基部主枝角度,适当多打头,以恢复生长、增加枝量;对上部强枝(辅养枝、大枝组),要有计划地疏、缩一部分,暂时保留的要开张角度,轻剪缓放,多留花芽。树头太高、太大者,要落头开心。对上层骨干枝上的直立枝、过密枝要疏除,其余枝应拉平、缓放,以缓势成花。

第三种,外强内弱树。这类树是由于骨干枝开张角度小(多在40°～50°角)、各级枝基本分布在一个平面上,显得树冠外围枝多而旺,内膛枝难以发育起来。另外,连年重截、中截外围枝较多,疏、放剪法用得少,促进多发旺枝,影响成花结果。因此,在修剪上要开张骨干枝角度,培养好骨干枝两侧和背后枝组,适当疏除外围过密、过旺的多年生枝,疏除各延长头的竞争枝、三叉枝等,其余枝缓放不动,抑外促内,使内膛枝组得到复壮。

⑦残缺树的修剪：生产上,常有些残缺不全的树,造成这类树的原因主要是冻害、抽条、病害、果实压劈枝条等所致。对这类树的修剪方法是：花芽多的衰弱树,应适度缩剪弱枝、弱枝组,1年生枝尽可能于饱满芽剪、疏截多余的花芽,以利树势复壮。缺枝少杈树,如果只有基部主枝,可于各主枝上任选一个适合的直立强旺枝作新的领导枝,对其适当轻剪,辅以刻芽,增加长枝数量。对其余徒长枝,有用的拉平,无用的疏除,

主、侧枝不全的树,可用其周围的强枝、侧生枝补空,办法是先将该枝拉到适当方位,然后轻剪长放,选好剪口芽方向,经过几年的培养,便可增枝补空,圆满树冠了。

⑧全园郁蔽园:这种果园到处可见,应成为生产上的突出问题受到普遍重视。在初果期,株行间已交接,甚至株间交接率达 30% 以上,相邻两株树的枝条已伸达另一株树的中央领导干上,此时,全园总枝量已逾 15 万条,叶面积系数大于 5,树高在 5 米以上,全园形成密林结构,田间管理十分困难,产量低下。对这类果园的改造办法是:

第一,6 年生以内的密植园,应下决心进行间移,最好在秋季采果后隔株或隔行进行,一是间移后留下的树,可以得到充足的光照,二是间移后树穴可大量改土施肥,有利于保留树的发育。

第二,树冠大,不便间移的郁密园,可进行间伐。为了不影响产量,对间伐树可用逐年疏间或重缩主、侧枝和辅养枝的办法,2～4 年后,间伐株已无保留价值时,便可于采收后间伐。

值得注意的是,间伐后应把定植穴内大的残根刨净,施入足量农家肥,这是深翻熟化土壤的良好机会,不能轻易放过。

四、优质生产技术

从国内外苹果生产和市场要求看,提高果品质量是现代苹果生产发展的新趋势。全世界苹果总产量 4 000 多万吨,我国占 1/4 多一点,而且产量还在迅速增长,已成为世界第一大苹果生产国。随着生产的发展和消费者生活水平的提高,对果品质量的要求也愈来愈高,优质优价,差价不断扩大,优质果、高档果竞争力强,售价较高,生产和经济效益很好,所以,果品市场上质量的竞争相当激烈,形势十分严峻。竞争的结果是,优质果价格坚挺而畅销,劣质果价低而滞销,这种形势迫使生产者加速优质生产进程,更快地符合市场需要。就红富士苹果来说,1994 年红富士苹果栽培面积已达 1 111.8 万亩,年产 300 余万吨,若幼树陆续投产,按亩产 1 吨计,将生产 1 100 多万吨,即达到目前我国的苹果总产量水平,人均 8 千克红富士苹果。这是个不小的数字。虽然当前红富士苹果价格看好,但很难说以后会保持住高价地位。因为品种在更新,市场在变化,应在追逐市场经济中求得生存和发展。当前,红富士苹果质量差是个普遍而突出的问题,主要表现是:果个小或小果率比例大,果形扁而偏斜,果面着色欠佳(被称为“黄富士”、“绿富士”),果面不光洁等,有的红富士苹果风味淡,果肉硬,香气少,这些都不能表现出红富士的优良品质。据 1994 年胶东苹果价格统计,优质、全红的红富士苹果每千克售价 12 元左右,一般果仅为 3～6 元,劣质果 2～3 元。在我国南方市场,秦冠苹果的优势地位已受到红富士的威胁,人们逐渐学会辩认红富士和如何选择红富士了。在各大城市,人们普遍欢迎中、高档红富士。所以,生产者必须瞄准市场,才能使自己生产的果品找到销路,产生效益。

另外,我们还应看到,我国近年苹果出口量很少,进口量已超过出口量,这与我国苹果生产大国地位不相适应。为什么出现上述现象呢?主要是我国优质苹果生产水平还不高,商品果与日、韩、美等国的商品果相比,还有一定的差距。虽然评优果品质量逐年提高,但大面积生产的果品,多数达不到出口标准,即使出口,也是低价销售,进不了超级市场。为了改变目前苹果生产、销售、出口状况,提高我国苹果声誉,必须投大力、出巨资开发利用优质生产技术,在短期内提供大批量有竞争能力的高档红富士苹果,使红富士苹果不但能占领国内市场,还要开拓国外市场,以满足市场的需要。

(一)适地适栽技术

目前,由于对红富士苹果生态研究较少,所以,尚未划分出适宜区、最适宜区来,到底把树栽到哪里合适?还有待深入研究确定。下面,根据有关报道,介绍红富士苹果对环境因素的一般要求以及近年优质栽培经验,供参考。

1. 对气温的要求 红富士苹果是一个比较喜温的品种,比国光、新红星等品种要求的温度要稍高些。在日本,富士苹果多栽培在北纬 35°～44°的地区,该地区 4～10 月平均气温为 15.8～18.1℃。日本提出,红富士苹果生长季节要求的温量指数(即 4～10 月份的各月平均气温减去 5℃后之和)以85℃以上为好,如果栽在温量指数为 80℃的地区,则由于热量不足,果实不能正常成熟。我国山东的胶东一带(烟台、青岛、威海、莱阳),陕西的白水、宝鸡一线,辽宁的大连等地,4～10 月份平均气温在 17～18℃左右,温量指数在 90～100℃之间,可充分满足红富士苹果对热量的需要,有助于生产优质果。在近年全国红富士苹果评优中,以及山东省评优中占有优势的烟台,其气温就比较适宜,年均温 11.2～12.5℃,日平均稳定通过 10℃ 的日数为 190～206 天,积温达 3 782.7～4 158.8℃;全年无霜期 207.3 天,温量指数达 102℃。

红富士苹果最适宜的安全越冬温度界限,在 1 月份平均气温为 -10℃。河北省红富士苹果栽培范围应在北纬 40°30′左右以南地区;辽宁省在辽南和辽西南部(绥中)地区栽植比较安全。当然,在高接情况下还可向北推进数十公里。

在北方红富士苹果产区,有些年份,晚霜、低温影响红富士苹果花期进程和正常坐果,因其花器和幼果属较易受霜冻品种。苹果开花气温要求为17~18℃,在15.5~21℃花粉发芽较好,受精正常。若气温达26.6℃时,花受精不良。在蕾期(露红)-2.8℃时有冻害;花期-1.7℃时花受冻害;幼果期-1.1℃时有冻害,花粉在5℃左右受冻;成熟前果实遇4~6℃也易受冻。所以,应在上述各物候期,注意天气预测、预报,及时防止各种低温伤害。

红富士苹果属于中等易着色品种,采前气温对着色程度有重要影响,采前2~3周有10℃以上的昼夜温差,有利于红色发育,如江苏丰县10月份昼夜温差为10.9℃,红富士果实着色比较艳丽,品质优良。日本认为,在温量指数达到84~85℃以上的地区,红富士果实质量好,我国红富士着色好的地区也多在此限以上。

2. 降水量 红富士苹果树对年降水量要求与一般苹果品种相近。一般要求年降水量在500毫米以上。4~10月间,月平均降雨量在50~150毫米完全可以满足树体的正常需要。我国北方红富士苹果产区年降水量在400~1 000毫米之间,可以说基本够用,但因降水量分布很不均匀,北方常有春旱,此时正值花期至幼果期,影响坐果和果实发育;中部果区多伏旱,秋季又阴雨连绵,导致果面粗糙和裂果。因此,在雨量不匀、不足地区,应进行补充灌溉。

红富士苹果树既不耐涝,也不耐旱。对于红富士苹果树来说,最适宜的土壤相对含水量是60%~80%;果实着色期要求在60%~65%;沙地果园应保持在70%以内。

3. 日照 日照或光照时间、强度、质量等都直接影响红富士树的生长与结果。一般苹果树要求全年日照时数在2 000

～2 800小时,采前着色期日照百分率应在50%以上。而红富士树比其它苹果品种更喜光。据资料,红富士苹果着色需要直射光,而在树冠郁闭时,直射光很少,果面基本不着色。研究指出,当树冠外围相对光强在95.31%时,果面着色度在60%以上的果占90.84%;树冠中部相对光强在69.08%时,果面着色度在60%以上的,只占39.94%;树冠内膛相对光强为17.54%时,果面着色度在60%以下,其中着色40%以下的,占89.45%,说明光照强度与果实着色极显著相关。特别是采前4～5周,直射光与果实红色发育密切相关。对着色最有效的光波是波长200～280毫微米。紫外光对果实着色更重要。

果实着色面大小与树冠透光度有关。据有关调查,透光度达到30%时,树上有70%以上的果能接受70%的日照,这种果是全红的;当透光度达到20%左右时,树上有60%左右的果只能接受50%左右的日照,这种果一般为半红果;当透光度为10%左右时,树上80%以上的果只能接受30%～40%的日照,除外围外,一般果实不着色。在山坡,尤其阳坡,光照足,着色好,风味浓。对产量、品质和花芽形成来说,树冠应保持在全日照的50%左右,至少也必须保证在30%左右的光照。所以,从栽植地势、树形、枝量等方面来考虑,均应以通风透光为前提。

4. **土壤** 红富士苹果树虽然适应多种类型土壤,但对黄粘土、碱地、洼地适应性较差,以砂壤土最好。土层深度以80厘米以上为宜,土壤有机质含量在2%以上(国外果园土壤有机质含量在2.0%～3.0%之间)。同时要求土壤疏松,孔隙度在10%以上(15%～20%),根系方能正常生长;而孔隙度10%以下时,根生长不良;1.5%时,细根死亡。土壤氢离子浓度316.3～3 163纳摩/升(pH5.5～6.5)的微酸性为好,但红富士树在氢离子浓度 12.59～31.63 纳摩/升(pH7.5～7.9)的土壤上,以海棠作基砧也能正常生长和结果。地下水位以不超过 1 米为宜。

当然,许多果园土壤达不到上述要求,可以通过改土措施,满足树体需要。如山东烟台大部分红富士苹果树都栽在山地和海河滩上,土浅地薄,而且干旱缺水。通过深翻扩穴、压土改沙、深埋秸秆等措施,使活土层达到 60～80 厘米,有机质含量 1%～2%,提高了土壤蓄水保肥能力。

为了充分发挥红富士苹果的品种优势,选择适宜的生态环境条件,或创造最适宜的生态环境条件,是实现"早实、丰产、优质、高效"栽培的重要保证。因此,应从综合因素来考虑,慎重选好园址,真正做到"适地适栽"。

(二)人工辅助授粉技术

1. 技术效果 人工辅助授粉的作用是:提高花序和花朵坐果率,从而增加当年产量,同时,由于授粉受精良好,心室内种子多而且发育正常,所以,端正果率明显增加,有利于保持本品种的标准果形。据资料,在授粉树配置合理、花期条件好时,红富士苹果的自然坐果率可达 54%～85%,再辅以人工授粉,坐果率可再提高 15%左右。在授粉树配置不当、花期天气不良(春旱、高温、阴冷、大风等)及花期短的情况下,自然坐果率很低,有的成为小年或几乎绝产,如果进行人工辅助授粉,坐果率可提高 20%～50%。这样,全树幼果数量大,在疏果时,保留果个大、果形发育好的幼果,就有了选择的余地,为优质提供了条件。这项技术在山东省的胶东、辽宁省的大连及其它先进果区已普遍实用,取得令人满意的生产效果。

2. 技术措施

(1)采花:首先选好与红富士品种亲和力好(如果弄不清品种授粉组合,也可用当地几个品种的花与本品种的花混用)、花粉量大、发育正常的品种为采粉树。在授粉前的 2～3 天,摘取含苞待放(花蕾呈气球状或风船状)的铃铛花或刚开放的花(生命力强)。采花时,要看授粉树的长相、花量等情况,花多的树可多采,花少的树宜少采或不采;从一株树来说,树冠外围多采,内膛少采;弱树、弱枝上多采,旺树、旺枝上少采。一般 1 个苹果花序,采集 2 朵边花即可。这样,既可减少授粉树的梢头果,也不会因采花过多或不当而影响采粉树的产量。

那么,采多少鲜花合适呢?这可通过计算得出,以免浪费劳力多采花或采花不足。据研究,0.5 千克元帅鲜铃铛花,可产干花粉 16.6 克;0.5 千克金冠鲜铃铛花,可产干花粉约 13 克。每克干花粉可点授 4 000 朵红富士花。据此,可算出不同产量(果量),人工授粉所需采花量和干花粉量(表 3-1)。根据亩产量和单果重、留果量等参数算出需采鲜花量。计算公式:

表 3-1　每亩苹果园人工授粉需鲜花量和干花粉量

亩产(千克)	鲜铃铛花重(千克)	干花粉量(克)
1000	0.250	8.25
2000	0.505	16.5
3000	1.000	24.75
4000	1.220	33.00
5000	1.500	42.00

注:表中授粉品种为元帅、金冠

$$X = \frac{A \cdot B}{K_1 \cdot K_2 \cdot K_3}$$

式中:X 为每亩红富士苹果园授粉需采鲜铃铛花量(千克);A 为亩产(千克);B 为每千克果数;K_1 为花朵坐果率(按 20%计);K_2 为 1 克干

花粉可授花朵数(一般为 4 000 朵);K₃ 为 0.5 千克鲜花可产干花粉重量(克)

经过上述运算,亩产 2 000 千克的红富士树,人工点授,约需干花粉 16.5 克;亩产 4 000 千克时,约需干花粉 33 克。即每 500 克干花粉可授 30 亩树的花。

(2)取花粉:将当天采集的花蕾、初开的花及时拿回室内取粉,不要推迟过夜,更不要堆成大堆或放在包内。取花药时,先剥开铃铛花的瓣,将两朵花心相对磨擦,使花药落在事先铺好的油光纸上。然后,用簸箕簸出碎花瓣、花丝等杂质,再把花药薄薄地摊在纸上阴干,不时翻动,以加速散粉。阴干花粉的房间,要求干燥、通风、无尘,温度保持在 20～25℃,过高的温度(>30℃)会降低花粉的生活力;过低的温度花粉不易散出。如果室温不够,也可用吊电灯泡于花药附近增温,但不宜超过28℃,千万不要将花药放在阳光下曝晒,或放在火上烘烤。花药经 1～2 天的阴干,便会自然开裂并散出黄色花粉。少量采粉时,可用镊子拨开花瓣,钳掉花药再阴干。如有恒温箱,最好将花粉放在恒温箱内,温度控制在 24～26℃,花粉干燥散粉后,将黄色花粉收集起来(去除花药壳)放在玻璃瓶中,置于冷凉、干燥条件下保存,以维持花粉的生活力。据资料,苹果混合花粉在室温条件下,其花粉授粉的有效期为 12 天,但高效授粉期只有 6 天左右。在 0～4℃的低温下,以氯化钙为干燥剂密封保存,元帅花粉生活力可维持 1～2 年;在－10℃条件下,可维持 10 年左右。在生产上,要保持花粉的良好生活力,从采花开始就要注意不能让鲜花药受热,不使鲜花粉受 30℃以上高温的灼伤,也不能让干花粉受潮,这些都是不可忽视的技术环节。

(3)授粉时间:苹果开花进程是顶花芽的中心花先开,两天内边花相继开放。一个花序的花朵,从开花到谢花,一般需经 5～6 天时间。单花开放时间持续 4～5 天,开放 3 天以后,柱头开始变黄、萎蔫。以花朵开放当天授粉坐果率最高,开放 4 天后授粉则不能坐果。苹果花期长短与气温有关,花期气温低时,花期延长 2～3 天;气温高时,花期缩短 1～2 天。通常,第一批花坐果率高,第二批花坐果率中等,第三批花坐果率偏低。因此,人工授粉要抓住第一批花。据观察,苹果授粉时间有效期为开花前一天至开花后的第三天之间,以单花开放的当天授粉效果最佳;一天中以无风、微风晴天上午 9 时至下午 4 时为宜。因此,人工授粉要在初花期抓紧授粉。

(4)授粉方法:

①人工点授:为经济利用花粉,先将花粉按照 1∶2～5 的比例填充滑石粉、干燥细淀粉,充分混合、稀释备用。另外,先做好简易授粉工具:用旧报纸卷成香烟粗细的纸棒(卷得紧些更好用),纸头用浆糊粘住,截成 15～20 厘米一段,再在砂纸或粗砖上将其一端磨成削好的铅笔状,用来蘸粉。此外,还可用毛笔、橡皮头、气门芯等作授粉工具。授粉前,将制备好的花粉装入洗净、晾干的洁净小瓶中,用上述任何一种工具蘸取花粉,点授到刚开放花的柱头上,每蘸一次,可点授 5～7 朵花,使花粉均匀粘在柱头顶上。重点是点授第一、二批花,当然在前两批花开放时天气条件不利时,也可加重点授第三批花。不论那批花,都要点授在刚开放的花柱上。但点授数量可因被授粉树的花数量、花质量等而定。开花少或幼树(初果期),应全面点授所有的花朵;旺树多点授,弱树少点授或不点授;花多树可隔三差五或按一定距离点授。每个花序重点点授中心花或 1～2 朵边花。疏过花的,要逐花点授,否则坐果不足会影响产量。注意不应点授过多,否则,坐果过量,既浪费树体养分,

又增加疏果工作量。花期天气好时，只授第一批花就够了，花期天气不好，可授第二、三批花。该法虽然费工，但能节约花粉，在开花少、花期天气不利的条件下，可以确保坐果和丰收。

为了省工，可将花粉按1：10～20倍的比例填混滑石粉或干细淀粉，混好后，装入用2～3层纱布制成的撒粉袋里，吊在竹竿头上，敲打竹竿，让花粉落到花柱上，以辅助授粉。

②液体授粉：人工点授虽省花粉，但毕竟费工费时。应用花粉液机械喷授，能提高授粉效率5～10倍，授粉效果与人工授粉相近，但需较大量的花粉。这种授粉方法由于能用大型和小型喷雾机器，所以，适于大面积果园和矮密果园应用。

花粉液配方：干花粉10～12.5克加水5千克再加蔗糖250克、尿素15克、硼酸5克和展着剂"6501" 5毫升。先将糖、水、尿素拌匀，配成5％的糖尿液，然后加干花粉调匀，用2～3层纱布滤去杂质，喷前加硼酸和展着剂，迅速搅匀后即可喷洒。因为花粉在溶液中经2～4小时便能萌发，所以，配成的花粉液一定要在2～4小时内喷完。红富士苹果园有一半以上的树，每株树有60％花朵开放时，是最适喷布时间。

注意事项：花粉液要随配随用，不可久放；否则，因花粉发芽会失效。离花近些喷布，要快速周到，喷布均匀。为节省花粉液，最好用超低量喷雾器。一般大树株喷花粉液100～150克。喷布半天后，要用清水冲洗喷头，以免因糖液堵塞喷头，影响工作。

（三）蜜蜂、壁蜂授粉技术

利用昆虫为苹果授粉有以下优点：

第一，可以解决人工授粉需用大量劳力问题，同时，可以使人工授粉难以授到的树冠内膛和上部的花，得到充分授粉的机会。

第二,增大果个,利用壁蜂为红富士苹果授粉后,果内种子数比自然传粉增加2～3粒。在幼果发育过程中,种子分泌赤霉素相应增多,刺激了果肉的发育,果子长得快,个头大,一般说,单果重平均增长10～30克以上。据魏枢阁、周伟儒等试验,山东威海条件下,红富士苹果平均单果重,在释放角额壁蜂区为188.0克,自然传粉区仅为154.2克,即单果平均增重33.8克。

第三,端正果率高,苹果花充分授粉后,各心室种子数多而且均匀饱满,因而各部果肉得以正常发育,果实不容易出现畸形。据上述试验,红富士苹果端正果率:放蜂区94.5%,自然传粉区70.9%,端正果率提高23.6%。

第四,增加坐果率,据魏枢阁等试验,在山东沿海地区,花期风大,气温偏低,阴雨多,不便进行人工授粉的条件下,通过放蜂苹果生理落果明显减少,坐果率成倍增加。在陕西礼泉,红富士生理落果减少32.9%。所以,产量可增加10%～20%,最多可达1倍多。

第五,减轻霜冻,蜜蜂将大量花粉带给雌蕊柱头,增加了受精的选择性,使花粉管迅速伸长到胚株而完全受精,性细胞的相互同化,促进子房组织的发育,从而增加了花器的抗逆性,减轻霜冻危害。据试验,果园有蜂区比无蜂区平均减轻受冻率40%以上,愈近蜂群的树,霜冻危害愈轻。

1. 释放蜜蜂 一般放蜂时间安排在整个花期。每4～6亩苹果园放一群蜂,蜂群间距离以不超过400米为宜。这样,可使全园花朵充分授粉。每群蜂约有8 000只蜜蜂,每天有1/3的工蜂外出采蜜,其中采粉蜂约占1/3,即1 000只左右。每只蜂在每朵花上采粉停留约5秒钟,每小时可采700朵花。

即每群蜂每小时可采花 70 万朵。每株树上只要有 3～5 只蜂活动,便可在很短时间内将盛开的花采粉一遍。每天盛开的花被蜜蜂采粉次数愈多,其授粉效果越好。注意在放蜂期间一定要禁用杀虫农药,以免蜜蜂中毒死亡,影响授粉效果。

2. 壁蜂 近年,由于大量使用农药,导致野生昆虫急剧减少,果树授粉不良,产量品质均受影响,人们不得不进行人工辅助授粉,但因花期短,用工多,树顶部授粉不便,所以投资多,难度大。用蜜蜂授粉,一要饲养(喂蜂蜜),二要移动,三是早春低温寡照授粉能力差。因此,国外研究应用壁蜂代替蜜蜂和人工授粉获得了成功。

壁蜂是独栖性野生花蜂,是苹果树重要传粉昆虫。主要有角额壁蜂、凹唇壁蜂、紫壁蜂、圆蓝壁蜂和桔黄壁蜂等。

中国农科院生防室从日本首先引进角额壁蜂,河北省农科院协助试验,在胶东、秦皇岛等地取得良好的授粉效果。以后在国内陆续搜集和利用了凹唇壁蜂和紫壁蜂等。

(1)壁蜂功能与特性:

①管理技术简单易行:成蜂于苹果花前陆续破茧出巢,活动期 15 天左右,采集果树花粉、花蜜,营巢产卵。不需人工饲养,又能躲开苹果花后与采前大量农药杀伤。蜂巢制做简单,材料来源广,管理壁蜂技术易于掌握。

②授粉效果好于蜜蜂:普通蜜蜂在花期气温 17℃时开始出巢排粪和水,个别强蜂开始访花,20～25℃时访花较活跃,30℃最频繁,<17℃或>35℃时,则不利于蜜蜂活动。而壁蜂起始访花的温度较低。角额壁蜂在白天气温 14～15℃开始出巢访花,晴天上午 8 时至下午 6 时,工作 10 个小时;凹唇壁蜂 12～13℃开始出巢访花,上午 7 时半至下午 7 时半工作 12 小时;紫壁蜂 15～16℃出巢访花,上午 9 时半至下午 6 时半,工

作 9 个小时。另外,壁蜂工作效率高,访花速度快。据魏枢阁、周伟儒等观察,在苹果花期,角额壁蜂每分钟访花 10～15 朵,凹唇壁蜂为 10～16 朵,紫壁蜂 7～12 朵,而家养的意大利品种蜂为 4～8 朵。壁蜂授粉能力强,对北方多种果树也有良好的授粉效果。壁蜂的有效活动范围只有 40～50 米,因此,适于小果园自行管理和应用。据日本推算,角额壁蜂个体授粉能力是意蜂的 80 倍。

③壁蜂生物学特性:壁蜂 1 年 1 代,春季花期成蜂出巢访花,营巢产卵后死亡。卵和幼虫在巢内发育,做茧化蛹,成蜂羽化后在茧内休眠越冬,次年春出巢。喜寻孔洞、中空茎秆、墙孔石缝中营巢定居,也喜于人工制做的苇管和纸管内营巢。营巢时,先在管底筑一层壁,后采花粉、花蜜制成菜豆大小的花粉团,于其旁产 1 粒卵,再筑一层壁封闭好。角额壁蜂和凹唇壁蜂用湿泥筑壁,每支巢管内可连筑 7～15 个巢室。紫壁蜂用嚼烂的叶子做壁,每支巢管筑 10～20 个巢室。最后,壁蜂用 2～3 层厚的壁封闭管口,以保护卵粒、幼虫和成蜂。

(2)壁蜂管理技术:根据魏枢阁、周伟儒的报道,壁蜂主要管理技术是:

①蜂茧存放:为使壁蜂在苹果花期出巢访花,应在春季气温回升前,将越冬的壁蜂蜂茧在 0～5℃冷藏。为除去壁蜂天敌,应于 12 月至翌年 1 月从巢管中取出蜂茧,清除天敌。随后,将蜂茧装瓶,每个罐头瓶可装 500 头左右,用纱布扎口,放入冰箱内。

②蜂巢制做:一种是用内径 5～7 毫米的苇管,锯成 15～16 厘米长,其一头留茎节,另一头开口,开口端磨平,用广告色将管口分别染成红、绿、黄、白 4 种颜色,混合后每 50 支扎成一捆。

另一种方法也可制做与苇管相似的纸管,内壁为牛皮纸,外为报纸,管壁厚 1 毫米以上。捆扎后,一端用胶水和纸封实,再粘一层厚纸片。

选用 25×15×20 厘米的纸箱,以 25×15 厘米一面为开口,箱内放 6～8 捆巢管,分为上下两层,这就成为可以放到田间的蜂巢箱。

③田间设巢:首次放壁蜂果园,每 30～40 米设一蜂巢箱,蜂巢越多,回收壁蜂也多。当壁蜂数量增多后,可以 40～50 米设一蜂巢。用支柱将巢箱架起,使箱底距地面 40～50 厘米,上部设棚防雨。也可用砖石砌成固定蜂巢。应选避风向阳、开阔无遮蔽处设巢,巢口朝向东或南,以利壁蜂营巢。

④蜂茧释放:蜂茧放到田间后,壁蜂咬破茧壳,经 7～10天,可全部出巢。故应于花前 7～10 天放出蜂茧。如果提前将冰箱温度由 0～5℃上调到 8～10℃时,2～3 天后将蜂茧放到田间,可缩短壁蜂出茧时间。若开花后再放出蜂茧,可能在壁蜂出齐后已错过了盛花期,既不能发挥授粉作用,也不能多回收壁蜂。

初果期、小年红富士树,亩放壁蜂 100 头蜂茧;盛果期、大年红富士树,亩放蜂量 60 头左右就可以了。

⑤提早种些开花作物:如果园行间秋种越冬油菜、春栽打籽白菜,在蜂巢旁有 1 平方米即可,可为在红富士苹果花开前出巢的壁蜂提供蜜源。

⑥蜂巢管理:主要是防雨和防治天敌。当巢管受潮时,花粉团易发霉,幼蜂死亡较多。所以要防止风雨淋湿蜂巢。另外,壁蜂有许多天敌,如蚂蚁、蜘蛛和鸟类。防蚂蚁可用毒饵诱杀。毒饵配方:将花生饼或麦麸 250 克炒香,猪油 100 克、糖 100克、敌百虫 25 克,加水少许,混匀。每蜂巢旁施毒饵 20 克,上

盖碎瓦防雨和防止壁蜂接触。在蜂巢的木支架上也可涂凡士林或机油，以阻蚂蚁为害巢管内的花粉团及幼蜂。对捕食壁蜂的结网蜘蛛和跳蛛，可用人工捕捉法清除。在鸟类危害重的地区，可在蜂巢前拉张防鸟网。在成蜂活动期，不要随意翻动巢管，否则，壁蜂难以找到自己定居的巢管而影响繁殖和访花。

⑦收回巢管：5 月底至 6 月初收回田间巢管，剔出空巢管后，把有蜂的巢管放入纱布袋中。另有部分尚未封闭巢管管口的，可用棉球堵住，同时，将蜘蛛、蚂蚁逐出巢管。然后，将这些巢管也放入纱布袋内，吊在不放粮食杂物的通风、清洁的房间内，以防米蛾、谷盗、粉螨等粮食害虫的侵害。

（四）确定花、果负载量的方法

红富士苹果坐果率较高，疏果稍有放松，常严重超载，导致果多质差、树弱多病、大小年现象严重(隔 1～2 年结果)、销售不畅、价格低下，经济效益不高。在一定的管理水平和自然条件下，一定的树体大小，只能有一定的结果负载能力，超过或低于适宜负载量，都会给树体带来不良后果，如各年成花量不稳定，树势强弱不同，果实品质高低不等，等等。因此，应因地因树制宜，确定花、果适宜负载量，实行定量生产，在当前果品竞争十分尖锐的情况下，尤为重要。确定适宜负载量的方法有 10 余种，这里仅介绍常用的几种。

1. **叶果比法**　即生产 1 个优质苹果需要有多少张叶片，一般红富士的叶果比以 50～60：1 较好。但要因砧—穗组合、树势强弱、全树果量和果实分布状况而酌情确定。如树势旺壮取下限 50：1，弱树取上限 60：1，中庸树居中 55：1，因具体操作时，数叶和果有一定困难，多用于科研调查。

2. **枝果比法**　该法是叶果比的简化。目前应用较普遍。

据各地研究资料,红富士枝果比(乔砧)以 5～6：1 较好,株产高,着色好,品质优。在具体应用时,强树 5：1,中庸树 5.5：1,弱树 6：1。

3. **距离法** 红富士苹果属大型果,其指标是在同一叶幕层内果实的空间距离为 25～30 厘米留 1 个果。实际操作时也要因树势、果量、管理水平、砧—穗组合等而灵活掌握。强树、强枝按 25 厘米留 1 个果,弱树、弱枝按 30 厘米留 1 个果。

4. **干截面法** 干截面大小代表全树总生长量和总枝量(完整树)的多少。因总产量与全树总枝量高度相关,所以,用树干粗细表示结果量是可靠的,也是切实可行的。据有关研究提出,以每平方厘米树干横截面积占有 0.4～0.45 千克果较好,树表现稳产优质。

按树干横截面积留果,首先要经过干周测定和换算。其方法是先量出树干中部的干周(厘米),然后,按公式计算出主干截面积:

$$S = \frac{L^2}{4\pi}$$

式中:S 为主干横截面积(平方厘米);L 为干周(厘米);π 为圆周率(3.14)

求出主干横截面积后,再根据品种品系、果园管理、树体状况等,确定适宜负载量,再乘以每千克果个数(5),即为单株留果数。

假设,一株干周为 50 厘米的红富士苹果树,应留多少果?依公式:

$$S = \frac{50 \times 50}{4 \times 3.14} = 199.1 \text{(平方厘米)}$$

按每平方厘米留 0.40 千克果计,则单株留果数＝主干截面积×每平方厘米干截面留果量×每千克果数＝199.1×0.4

$\times 5＝398.2$ 个幼果。

5. 干周法　山东烟台市果树所提出干周法公式：

$$y＝0.08AC^2$$

式中：y 为单株负载量（千克）；A 为每平方厘米干截面应负载产量，假设为 0.4 千克；C 为干周长（厘米）

今设一株 10 年生红富士结果树，树势中庸，树体完整，管理一般，干高 20 厘米处干周为 50 厘米，将数字代入公式中：

$$y＝0.08\times0.4\times50\times50＝80（千克）$$

如果按每千克 5 个果计，则单株留果数为 $80\times5＝400$ 个幼果。与上述干截面法留果量相近。

另据董文成报道，认为红富士干周 55～70 厘米时，适用汪景彦提出的适宜株产公式：

$$y＝0.025C^2＋0.125C$$

式中：C 为干周（厘米）

这样计算可基本保证叶果比维持在 40：1 范围内。但当干周小于 55 厘米或大于 90 厘米时，其适宜株产（千克）＝ $0.148C^2$，式中 C 为距地面 15 厘米处干周（厘米），或适宜株产（千克）＝1.3A，A＝ C^2/A。该公式适于所有干周，不会出现叶果比下降和不能保证优质果的现象。经检验，在良好的综合管理条件下，按干周法控产，可保证大小年幅度不超过 5％。

6. 看树定产　在某一果园管理水平比较稳定的情况下，可根据果园历年产量、果品质量、花芽数量等，定出适宜留果量，全园多少，单株多少，做到心中有数。有时凭个人丰富经验，也可估出一个适宜值来，甚至估出数与按公式计算数相差无几。由于树体有自我调节能力，留果量在一定范围内，多留时果小，少留时果大，最后产量接近适宜负载能力。

适宜负载量测出后，在定果时，是否要留些保险系数，据作者经验,在管理较好的果园,果实生长过程中损耗较少(如病虫为害、风灾等),通常增加适宜留量的 5％即可。如果一株树应留 400 个果,定果时留 420 个果就行了。如果留果太多,保险系数过大,就会超负载了,使人误做出上述确定负载量法无效的错误结论。

(五)疏花疏果技术

1. 疏除时期 从节省树体营养角度来说,晚疏果不如早疏果,疏小幼果不如疏花,疏花不如疏蕾。过去生产上为了保险,采取疏蕾、疏花、疏果、定果 4 个步骤。近几年,一些坐果率稳定可靠地区提倡"以花定果",即一次疏到位;在花期天气不良时,提倡轻疏花,晚定果,最迟应在盛花后 26 天内疏果完毕。

2. 人工疏花疏果方法 人工疏除,虽然太费劳力,但能有选择地、精细地疏除弱花、小果、病虫花果、畸形花果、密生花果、位置不当花果,保留下分布均匀、方向合适、发育正常、果形端正、无病虫害的单花、单果。从而实现定量、优质生产。

(1)疏除程序:先疏顶花芽花,后疏腋花芽花;先疏外围,后疏内膛;先疏上部,后疏下部;先疏大树,后疏小树;先疏弱树,后疏强树;先疏花果量特多树,后疏花果量较多树;先疏骨干枝,后疏辅养枝。

(2)花、果量调节:根据已确定的适宜负载量,使花、果合理、均匀地分布在树冠各部位。一般说,为了保险系数大些,在花期天气不良条件下疏花,应留有余地,要比适宜果量多留20％左右的花量,待稳定坐住果后,再最后定果。红富士坐果可靠,疏果工作最好在花后 2～3 周完成。鉴于树冠各部花、果量分布不匀,应根据树势、枝势、枝量等加以人工调节。本着骨干枝少留,辅养枝多留;强枝多留,弱枝少留;外围多留,内膛少留;骨干枝先端少留或不留;1个枝组上留前疏后,以回缩更新。待全树适宜负载量调整后,再绕树复查一遍,对漏疏部位进行补疏。全树定果后,应留5%保险系数。在6月份果实已有鸡蛋大小时,果实长的好坏、稀密、病虫为害已清晰可见,再最后清查一遍,去除病虫果、密生果、分布方向不当的果和小果,使树上所余幼果基本上达到理想状态。但在实际生产中,尽管也遵循某种方法留果,可是由于数不清树上果实数,往往还是多留了许多。甚至在采收时,清点果数和产量,竟超出适宜负载量30%～70%。为了使疏除工作准确可靠,建议按"枝序"疏果、数果。即按照树的发枝顺序,"枝枝必问,循序渐进",不漏疏(数)每个枝。比如,全树应留100个果,操作时,将100个果分摊到几大主枝上,在选优前提下,均匀、合理地留果是完全可以做到的(图2-2)。

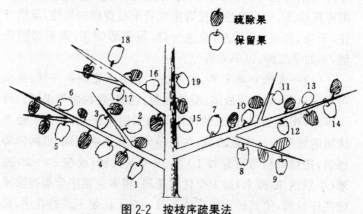

图 2-2　按枝序疏果法

(3)疏留单果:红富士苹果在每果台坐果两个以上时,会出现大小果分离现象,即一大一小者多,另外,还容易出现歪斜果(图2-3)。大量实践证明,果量合适时,留单果,尤其中心果,不但果个大,一级果率多,正果率也多。所以,对红富士疏花留果时,要尽可能留中心花、果,若中心花、果受害时,应留1个边花或1个边果。如遇果枝数量不足时,也可以留中心花、果为主,留边花、果为辅;或以单果为主,以双果为辅。在果实位置的选择上,宜先选侧向、下垂果,后选其它方向果。下垂单果正果率高。果顶朝上,朝侧方果,果形易偏斜,尽

图2-3　红富士苹果大小果分离现象

量不留。尤其果顶朝上果,虽然个头大,但果形上小下大,只在萼洼周围着色,且风吹易落,能顺下来呈下垂状时可保留,否则应疏除。还有一种是直接着生在骨干枝背后的果枝,虽能开花、坐果,但果小、质差,着色欠佳,虽果形端正,确无保留价值,不如早疏除,以节省养分。

(4)一次性以花定果:本方法只适用于花期条件好、坐果可靠的地区,如黄河故道、秦岭北麓、晋南、鲁西南等果区。近年来,河南的灵宝、山东的海阳等地采用此法,均取得了稳产优质的效果。具体做法是:在花序分离期至盛花期,根据树势强弱,按结果枝与发育枝1:3.5～4.5比例,或按20～25厘米(个别达30厘米)留1个优质花序,将多余花序全部捏除或破花序修剪,使其转为优质预备枝。对于保留下来的花序,疏除全部边花,只留中心花,其坐果率达90%～95%以上,确保了优质稳产。

据牛自勉等报道(1995年),红富士苹果一次疏花到位

后,不同年份、不同地区的平均花序坐果率为79.5%,常规疏花为32.1%。在晚霜危害条件下,红富士花序坐果率为49.2%,常规疏花的为20.0%,坐果率提高了1.5倍。研究指出,红富士苹果一次性以花定果树,平均单果重由218.9克提高到269.0克,单果增重50.1克。另一方面,处理果个大而均匀,果重变幅为75克,而常规疏花为115.8克。同时,果肉可溶性固形物含量和果形指数也有不同程度的提高(表3-2)。偏斜果率下降,果形指数显著提高,每千克果实增值0.66元,亩增收1341.40元。所以,一次性以花定果,应在适宜区普遍推广。

表3-2　一次性以花定果对红富士果实品质的影响

(牛自勉等,1993～1994年)

处　　理	平均单果重（克）	果重变幅（克）	果肉可溶性固形物含量(%)	果形指数
以花定果	269.0	75.1	15.04	0.90 a
常规疏花	218.9	115.8	14.82	0.86 b

在花期天气欠佳、坐果不可靠时,此法可稍加修改,即在留下的花序上每丛多留1个边花,待坐住果后,从中选1个中心果,或只留边果,也可以达到相近的效果。

上述方法的优点是:一级果、特级果率显著提高(85%以上);树体营养得到合理利用,成花良好,消除了大小年现象,也提高了树体抗病能力。操作时枝叶尚少,不易漏疏,省工、进度快(与疏花疏果的常规法比),避免了既疏花、又疏果的重复劳动和漏疏现象。

但此项技术的应用必须具备以下条件:树势健壮、花芽饱满;园内授粉树配置合理,疏后留下的单花全部搞人工授粉;

冬剪细致,留下枝龄不超 6 年的健壮果枝和枝组。亩留枝量 10 万条以下。

3. 化学疏花疏果方法　　化学疏除就是用喷布化学药剂的方法,疏除过多的花、果。与人工疏除相比,具有节省劳力、时间,成本低,进度快,适于大面积集约化生产等优点。目前,对红富士苹果树上花、果采用化学疏除,尚处试验阶段。

据江苏省丰县大沙河果园试验(1987 年),在红富士苹果盛花期喷布 1 波美度石硫合剂,盛花后 10 天喷布 10ppm 萘乙酸,花序坐果率比对照低 17.08%～19.74%,花朵坐果率降低 4.4%～4.8%;盛花期后喷洒 300ppm 乙烯利,盛花后 10 天喷 500ppm 西维因与 7.5ppm 萘乙酸,花序坐果率比对照低 8.39%～13.19%,花朵坐果率降低 2.32%～2.80%。

据澳大利亚庞德报道(1991 年),在澳大利亚以 102 株 5 年生乔砧红富士苹果树作试材,喷布 BA(6-苄基腺嘌呤),结果表明,综合效果以盛花后 20 天喷 100 或 200 毫克/升的 BA 处理较好。百花序坐果数分别为 109.1 和 89.9 个,比对照(149.3 个)低得多;平均单果重分别为 199.6 克和 202.1 克,比对照(143.3 克)多得多,直径 80 毫米以上的大果率分别为 32.0%和 42.6%,而对照大果率只有 1.8%。因此,可以认为 BA 对红富士苹果有良好的疏果效果。

琼斯(Jones K.M)报道(1994 年),7 年生秋富 1,以盛花期喷布萘乙酸(浓度 10 毫克/升和 20 毫克/升)疏花效果最好。每 100 个花序坐果少,每平方厘米干截面积平均坐果数最少,但平均单果重最大,直径 70 毫米以上果实比例最大。以盛花期前或盛花期后喷布萘乙酸疏除效果最差。在澳大利亚,红富士花期可持续 14 天以上,花前,树上花蕾对萘乙酸不甚敏感;盛花后 5～10 天喷萘乙酸,可保护晚开花形成的小果,相对减少了一级果率。所以，对于该药剂重要的是选择适宜的喷布时间，而不是适宜的喷布浓度。

另外，以4年生长富2为试材，喷布浓度为400毫克/升的乙烯利，其结果表明，在盛花期前喷布，疏除效果好。随着喷布时期的后延，疏除效果呈直线下降，到盛花后5～6天喷布，已不显效果。平均单果重和直径≥70毫米果所占比例，随喷布时间推移而呈线性下降。主要原因是喷布时间推迟后，晚开的小花已开放，它具有抗性(对乙烯利不敏感)，相对增加了小果数所致。所以，采用乙烯利对红富士疏花疏果的适宜时间在盛花前2天到盛花后2天之间。

化学疏除效果受树体状况和诸多环境因素的影响。在大面积应用化学疏除剂前，应查阅有关资料作为参考，同时，要做药剂药效试验，否则，易造成疏除过量或绝产，给生产者带来经济损失。通常，喷布疏除剂时，利用喷药量多少和喷布时期来调控疏除量。对树冠外围和壮树应适当多喷，相反，对弱树和树冠内膛、下垂枝等易疏部位应适当少喷。单凭化学药剂疏除，难以达到理想效果，对于喷药后剩下的过量花、幼果，要辅以人工补充疏除，效果更佳。

综上所述，要因地制宜选择疏除方法。在疏花(蕾)有把握的地区，最好是一次性以花定果，在疏花没把握的地区，待坐果后疏果、定果。在疏花较有把握的地区，每20～30厘米留1丛花序，每序留两朵花(一朵中心，另一朵边花)，坐果后，再调整留单果。总之，一切为了确保当年有个适宜负载量，既节省树体营养，又达到稳产优质的目标。

(六)生长调节剂应用技术

红富士苹果幼树生长旺，结果迟，树体扩大快，难于密植，

这给栽培者带来一定困难。目前,对抑制旺长,促进成花较有效的植物生长调节剂有:

1. **多效唑**（PP$_{333}$）: 近年应用较普遍,效果较明显。使用方法有两种:

(1)土施:在上年秋季和果树发芽前,在树冠下根系主要分布区(树冠外缘部位)开沟,也可在土面喷洒多效唑。施用剂量为每平方米树冠投影 1 克纯品。土施后,因受土壤因子影响,效果较慢,但有效期较长,6~7 年生树春施后,第二年才显示出抑制效果;晚秋施的,第三年才见效。沙壤土施多效唑,其抑制效果可持续 4 年以上,较粘重土壤持效期仅 2 年。土壤施多效唑后进行灌溉,有利于根系吸收和缩短在新梢生长点内多效唑的浓度积累期。在诸多灌溉方法中,以滴灌效果最好,其次为漫灌、渗灌,而喷灌效果最差。据试验,红富士苹果树盛花后 3 周土施多效唑,株施纯量 1~2 克,对翌年抑制生长、促进成花有明显影响,新梢缩短 30%~60%,成花量提高 5~10 倍。江苏省盐城市试验,多效唑土施时间越迟,效果越不明显。据赵印等试验,3 年生长富 2 苹果树,萌芽前株施多效唑 1.5 克(纯量),采用环沟(深 10 厘米)施入,配合夏剪(环剥),单株成花、绝对坐果数显著增加。对幼旺树早实丰产有明显作用。同时,对密植园限制树冠扩大,防止树冠郁密也有重要意义。

(2)叶面喷施:一般在花后,新梢 10~15 厘米时,或在头年晚秋喷布。生长季可多次喷布,浓度 500~2 000ppm,一般喷 1~2 次,喷后 5~15 天即现反应。主要由新梢顶端幼嫩组织吸收,在叶面喷洒时,有 92%的多效唑落在叶片上,5%在枝上,3%在新梢顶端。

红富士对多效唑的反应效果快于红星和秀水等品种。在红富士苹果中,多效唑对短枝红富士的效果强于普通型品种。在砧木方面,矮砧应用多效唑的效应优于乔砧。

喷施多效唑,同土施一样,也能抑制生长促进成花和增产。据报道(1992 年),红富士幼旺树在盛花后 3 周,喷 500～1 000ppm,不仅抑制新梢生长,促发大量短枝,而且成花量较对照增加两倍。另据徐继忠等报道(1992 年),喷布 250～2 000ppm 多效唑,单株花量比对照增加 1 倍以上,同时,延长梢生长短粗,芽体饱满,腋花芽多节间变短,短枝比率增多,坐果率提高。

(3)主干涂抹:将 500～2 000ppm 浓度的多效唑,直接涂到苹果树主干上,由主干树皮渗透、吸收到树内,涂抹后 1 周,新梢发育缓慢,药剂发生效应。也可先将主干树皮用刀纵割后,再涂多效唑,可加速药剂进入树体,尽早产生效应。方法较简便易行。

(4)主干注射:以输液和强力注射方式将浓度为 500～2 000ppm 的多效唑输入树体内,能更快地发生效应。

(5)注意事项:①叶面喷施时,为提高药效,应添加展着剂,以利果树吸收。②当使用多效唑抑制树生长过度时,可对全树喷施 25～50ppm 赤霉素 1～2 次加以缓解,能有效地使红富士新梢生长恢复正常。喷布时期以果树萌芽后及时进行为宜。③施用多效唑后,花、果量成倍增加,应在常规施肥基础上,于果树开花坐果、果实膨大、采收后各期,叶面喷施 0.1%～0.3%的尿素或磷酸二氢钾等,以利保产增质、维持健壮树势。④多效唑可与一般农药混用,如抗蚜威、水胺硫磷、杀螟松、多菌灵、波尔多液、溴氰菊酯等,混后喷洒,不影响各自的药效。对其它农药需先进行试验,然后确定能否混用,否则,出现药害,后果难以弥补。

2. 乙烯利 该药剂对抑制红富士树新梢生长、促进成花和果实着色、成熟等有一定作用。但单用乙烯利的效果不如混合药的效果好。

辽宁省果树所试验（1986年）表明，3年生长富2，6月中旬喷400～500ppm乙烯利加1 500～2 000ppm混合液（比久加萘乙酸），当年花芽形成量增加2.1倍，秋梢明显减少，短枝比例提高16.4%。

河北省石家庄果树所试验（1990年），红富士幼树以盛花后3周喷1次2 000ppm乙烯利，盛花后7周主干环剥和盛花后12周喷600ppm多效唑处理，单株枝量和花芽量较大，单株花量达515.4个，完全可保证翌年产量。另外一个试验（1990年）指出，4年生长富2，5月下旬进行主干环剥，6月中、下旬各喷1次800～1 000ppm的乙烯利，当年单株枝量比对照增加49.1%～61.2%，百枝成花数20.1～31.1个，对照无花，从而使幼树达到早实丰产。

3. 发枝素 在苹果幼树新梢或1年生枝上不易发枝的部位，采用定位涂抹，5～7天后，侧芽即可萌动，上、中、下部位均可萌发，以增加幼树枝量。据王岩等试验，短枝红富士枝条抹发枝素后，平均萌芽率可达82%（对照为0），平均增加枝量91.8%，促进当年萌发2次枝在90%以上，平均成枝率达41.9%。萌发的副梢角度可达62°～76°。

但用发枝素时，植株必须根系发达，肥水供应充分，适宜时间在萌芽前后，以600ppm的浓度较适宜。

4. BA（6-苄基腺嘌呤） 红富士苹果盛花后20天，喷施100毫克/升的BA有明显的疏果作用，每百序可减少坐果40.2个，单果重可增加56.3克，大果比例增加30.2%。喷施200毫克/升苄基腺嘌呤可减少落果59.4个，单果重增加

58.8克,大果比例增加 40.8%。

5. **普洛马林**[*]　有的称拉长剂、蛇果素、果形剂等,蕾期至盛花期喷布 600～1 200 倍液可显著提高果形指数,在花后温度较低时,施用此药效果更好。据有关试验,普洛马林还有提高坐果率和增加侧芽萌发成枝的作用。据王连起等试验(1995 年),普洛马林可使红富士苹果高桩、个大,一般红富士果形指数为 0.78～0.80,处理果达 0.91～0.92。

(七)药肥增质技术

1. **稀土微肥**　这是近年来开发的肥料,一般稀土元素对多种果树都有增产、增质效果。苹果增产幅度达 10% 以上,百果重提高 1%～13%,其次,还能促进苹果着色,提高维生素 C 和糖的含量,降低含酸量,增强果实贮藏性等。

由于稀土元素在果树体内移动性差,在土壤中易被固定而失去作用,加之用量大,成本高,通常不作土壤施用。在生长季进行叶面喷布效果明显。在施用时注意:

第一,只有在良好的土、肥、水管理基础上,才能充分发挥其作用。

第二,施用时期,可在盛花期和果实膨大期施用,效果以喷两次为佳,其显效期为 30 天左右。

第三,施用浓度,一般盛果期树以选用 0.05%～0.10% 的稀土溶液效果最好。

第四,应用微酸水配制和稀释,若用碱性水、硬质水稀释,不但不能溶解稀土微肥,反而会发生沉淀。凡碱性较高的水,先用硝酸或食醋调整到氢离子浓度 1 000～10 000 纳摩/升

---

[*]　普洛马林可到西安市三和果业发展有限公司购买　邮编710075。

(pH5~6)时,才能配制稀土微肥。

第五,一般不要与碱性农药混用。但可与粉锈宁、甲胺磷、代森锌、杀虫双、三氯杀螨醇和溴氰菊酯等混用。如果与其它农药混用,必须事先经过严格的试验才能确定。

第六,喷布时,应选无风或微风的晴天上午10时或下午4时左右进行。若喷后遇雨需重喷。

第七,沙壤、石灰质土壤内稀土含量及可给态含量较低的果园,施用稀土微肥效果明显。在稀土含量较高的酸性土,施用效果较差。

2. 光合微肥 近年,山东等地广泛应用光合微肥,其增产、增质效果好,颇受果农欢迎。据烟台试验,光合微肥的使用浓度为400~500倍液,自展叶前开始,每15~20天喷1次,年喷3~5次,平均单果重增加15%~20%,亩增产25%~35%,亩成本为10~15元。又据山东临沂地区果树站试验(1990年),5月15日、6月20日和6月30日各喷布1次500倍光合微肥溶液,5年生红富士苹果平均单果重180.20克,对照为169.40克,增重10.8克。果实着色指数为0.72,对照仅为0.37,着色面几乎增加1倍,而且提早7~10天着色。其施用方法是:①在土壤常规基肥、追肥基础上,喷光合微肥效果才能明显。②光合微肥为粉剂,有的结成硬块,应加水溶解,才能发挥肥效。③从坐果后到落叶前均可喷施,全年可喷3~6次。如5月上中旬喷第一次,以后每半月喷1次,连喷3~4次。中熟苹果采后再喷1~2次,可提高树体贮藏营养水平。④喷施浓度以500倍为宜,每包光合微肥200克,加水100升。⑤光合微肥属弱酸性微肥,含有多种金属微量元素,开花期喷布,容易影响坐果。此外,不能与碱性农药混用,如代森锰锌、石硫合剂等。因此,最好单喷。⑥喷布时间:以下午4时后喷施为宜,若喷后遇雨,应在晴天补喷1次。喷时,要使叶正反两面肥液喷匀,以利吸收。幼树亩成本6～9元,盛果期树15～25元,产投比10∶1。

3. 增产菌 是用于苹果树的植物微生态制剂—保健益菌(增产性芽孢杆菌)。根据辽宁、山东等地试验、应用结果,增产菌具有提高坐果率、增产、改善品质、减少落果和减轻病害等作用。据全国4省1市49个调查点统计,苹果施用增产菌后,花序坐果率增加32.3%,一级果率增加25.1%,含糖量增加0.52%,增产率21.6%。另据宋雅坤等报道(1991年),苹果生长期喷布3次,每次用药粉剂10克,果实着色指数增加25,单果重增加24.7克,糖度增加1.6%,增产率38.7%。同时,增产菌防病效果十分显著:白粉病防效为41.99%,落叶病为64.4%,轮纹病及干腐病为57%,霉心病为65.2%,炭疽病为48.6%～66.15%。贮藏期烂果病防效为50.3%。

萌动前喷雾可降低病害侵染源,花期、果期喷雾可降低侵染势。采收前喷雾可起到防病保鲜的作用。据河南省三门峡市植保植检站报道(1992年),目前有一种防病增产菌问世,经试验,苹果喷施增产菌后,花芽饱满,叶片增大,光合作用强,果实着色早而鲜艳,光泽度好,果肉硬度大,糖度高,适口性好。采收后树体贮藏营养丰富,芽质好,枝条充实。

使用时根据每亩果树需水量,将30～50克菌剂加入适量水稀释,搅拌均匀,使固体颗粒溶解,再用双层纱布过滤,以免小颗粒堵塞喷头。将滤液均匀喷到树上。应用时应注意:

第一,从萌芽前到采收前进行多次喷雾,一般5次左右。

第二,为减少紫外光对增产菌的杀伤,喷雾时间以下午晚些时间喷为好。如喷后遇雨,需重喷1次。但若喷后3小时遇雨,基本上不需再补喷。

第三,增产菌可与杀虫剂、杀真菌剂、除草剂、微肥、稀土、菌肥、激素等混用,但增产菌不能与杀细菌剂混用,否则,增产菌将失去活力和效应。

第四,增产菌不是肥料,没有明显提高土壤中氮、磷、钾肥力的能力。所以,喷施增产菌后,不应减少肥料供应。肥料充足的园块,其增产增质潜力才能得到充分发挥。

4.802 广增素 据赵淑芳报道(1988年),7年生长富2苹果树喷布100～150ppm广增素,单果重增加16.1%,果实着色1/2以上的果占总调查果数的88.21%,比对照(未喷)提高10.21%,果面着色1/3以上的果占88.21%,比对照提高了22.86%,同时,含糖量提高1.38%,糖酸比增加3.15。

5. 氨基酸复合微肥 它是由动物皮毛、蹄角等有机废料精制成氨基酸,再与多种营养型微量元素络合而成,既有肥效,又有药效,无污染,是生产绿色食品的首选肥种。目前,山东、山西等省已大面积应用。为了果个增大,山东省烟台招远市前孙家村是中国第二届农业博览会两枚红富士金奖获得者,他们的做法是对红富士苹果树,自展叶期开始每15～20天喷1次氨基酸复合微肥,年喷5～6次;另据山西省运城地区果桑中心李西侠报道(1995年),在山西省平陆县干旱山地条件下,3年生红富士在综合管理基础上,由于合理采用氨基酸复合微肥(平陆县生物肥厂产),栽树时用300倍液浸根12小时,以后每年根外追肥4次,浓度300～360倍,涂干涂枝1次,栽后从未浇过水,1995年在大旱条件下,株产达20多千克,树势健壮,叶片浓绿。据阎守业报道,氨基酸复合微肥还能治愈根腐病。方法是用400倍液灌根2次,间隔20天,然后连续喷3次,树体得到恢复。综上所述,氨基酸复合微肥有明显的抗旱、促生花芽、早实丰产、增强树势等作用。在一定条件

下,有治愈小叶病和根腐病的作用。但在使用中应注意:

第一,在苹果树上施用浓度为300～360倍液,在果中等大小至采前每10～15天喷1次,以喷匀、喷湿叶面为度,全年喷3～5次。灌根用400～300倍液,灌根后浇水效果更好。

第二,喷布以下午4时后为宜,喷后4小时内遇雨,应补喷。

第三,本品按使用浓度配好后,可与酸性农药混用,但不能与碱性农药混用。

第四,苹果幼果(小果)期不宜喷施,否则易落果。

第五,用前出现沉淀时,要摇匀或用热水溶解,不影响效果。

6. 美果露 是陕西西安美林化工有限公司的产品。它是一种多功能微量元素综合制剂。其功能是:①在花期喷布,促进授粉受精,减少畸形果,减轻落花落果。一般坐果率可提高10%～20%。使用浓度800倍。②预防果锈,促进上蜡,使果皮光亮有弹性。生长期用浓度600倍。③提高果实耐贮性、耐运输性。该制剂可使果实内含物充实,果实发育完全,不易出现软腐病、虎皮病,从而提高贮运性。④除防碱性农药外,可与杀虫剂、杀菌剂配合使用,无任何副作用。

(八)套袋技术

日本最早进行套袋栽培,积累了丰富的经验。近年,随着红富士苹果高档品种的发展,套袋栽培日渐兴盛。据山东统计,1995年苹果用袋在18亿个左右,山东省海阳县发城镇王家山后村,1995年苹果套袋达300万个。江苏、河南、山西、河北等省也开始试用套袋技术。伴随着市场的开发,果品质量竞争日趋激烈,套袋作业成为不可缺少的生产环节,今后几年,套袋技术会有突飞猛进的发展。

1. 套袋栽培效果

(1)商品率高:套袋后,高档果比例明显提高,单果重增加30～42克,套袋红富士出口商品率达50%以上,产值可提高30%～100%。售价较高。如套袋红富士出口到新加坡,每千克售价2美元。

(2)新鲜度好:套袋果易较长久保持新鲜度,不皱皮,失水少,耐贮藏。如套袋栽培的果实可贮藏3～5个月,而无袋栽培的果实只能贮藏2～3个月。

(3)果色艳丽:红色果实着色鲜红夺目,果面光洁美观,防止梗洼、果面出现果锈,效果甚好。套袋红富士果着色面积62.6%,不套袋24.3%。

(4)保护果实:一是防止病虫为害。对使用了防斑点落叶病、大斑病、小斑病的药剂后套袋处理,防效极好。二是可减少风磨和减轻冰雹的袭击,从而保护果实完好无损。三是可减少农药污染及残留,有利于生产"绿色食品"果实。

(5)经济效益高:500千克套袋果比未套袋果纯收入增加2 393元。据韩永久报道(1995年),套袋果每千克果增收1.48元,产投比2.06:1。

2. 苹果纸袋种类与规格

做纸袋的纸质量十分关键。纸的质量不好,套袋后的果达不到优质要求,既浪费了纸张,又浪费了劳力,果实售价不高,很可能造成赔本。因此,要严格选择纸袋,不能图便宜购买不合要求的纸袋。纸袋纸质应是全木浆纸,耐水性强,抗日晒,经风雨不易破损,不发脆,不变形;而且袋纸事先经杀菌剂处理,可防止病虫害。纸袋型与规格有:

(1)双层纸袋:较难着色的长富2、秋富1、早生富士等,宜用双层袋,外层为灰、绿色,内表层为黑色,内层袋涂有石蜡为红色,红、黑两层全部遮光,去袋后,果皮初为白嫩光洁,后迅速着鲜红色。袋的规格,一般宽14～16厘米,长15～19厘米。袋口留在宽的一边,其它三边为封闭和粘合的。袋口单面中间剪切宽4厘米、深1厘米的缺錾,以便用手张开袋口。在袋口一侧,靠边约0.7厘米处,纵向粘入长1.5～2厘米、露出长3.5～4厘米的一根20号细铁丝,以便套果后扎口。袋底部两角各剪有0.5厘米的通气孔,以调节袋内温、湿度,防止萼洼周围出现汗斑。这种双层袋的优点是果实着色好。缺点是:袋内温度高,幼果膨大晚,刚去袋时,易生日灼。

(2)单层纸袋:袋规格同双层纸袋。用纯木浆纸,表面涂层石蜡,呈淡黄色,韧性强,抗淋洗,风打不破损。石蜡可防雨水渗透,又能避免纸袋紧贴果面,防止形成星面锈斑。另外,石蜡有一定的透明度,果皮仍有一定量的叶绿素,可稍为减轻因套袋遮光对幼果前期生长的影响。这种袋成本低,效果较好,也可在生产上推广应用,但效果不如双层袋。

3. 套袋前的准备工作

(1)调整肥料配比:套袋栽培要求增施磷、钾肥,氮磷钾比以5:4:6较好,每100千克果需纯氮1千克,有效磷0.8千克,有效钾1.2千克。

(2)尽早疏花,严格留果:从花芽膨大至开花期进行复剪和以花定果,或按一定距离选留壮枝花序,坐果后再疏果。选留壮旺、单轴延伸、下垂生长枝组上的中心果和萼洼朝下的端正果。在花后3～4周开始,选留果形正、高桩、果柄长的中心果,使枝果比在5～10:1之间。

(3)药剂防病虫害:套袋前,全树打一次药,防治病虫害。

(4)全树枝量要稀疏:亩枝量在10万条以下。

4. 套袋作业历 见表3-3。

表 3-3 红富士套袋作业历 （日本）

盛花期	落花	套袋开始	摘叶	外袋去除	内袋去除	开始采收
（受粉）	（盛花后5~6天）	（落花后35~40天）	（去除外袋5~7天前）	（3~5天）	（30~35天以上）	（20~30天）
受粉期	预备疏果	最后疏果	套袋期	内袋期	着色期	采收期
		90天以上				

外袋去除条件： 糖度12度以上，绿色褪掉7成以上。

着色适宜温度： 15~20度

采收条件： 盛花后175~190天，糖度15度以上

〔说明〕

最后疏果： 每4~5个顶芽留一个果，每果需要叶数60~75片。

套袋作业：落花后35~40天左右开始套袋，尽可能抓紧在短时间内完。

套袋期间：90天以上。

摘叶作业：去除外袋5~7天前，将接触到果实袋部分的果叶以及可能影响光照的果叶摘除。

外袋去除：晴天上午10点左右开始，到下午4点左右或在日落前1个半小时结束。如果实安大则将背光面撕开，以防止日光灼伤。

内袋期间：需要3个晴天。中途如遇阴雨天，内袋期要加上阴雨天数。

内袋去除：晴天上午10点左右开始，到下午4点左右或在日落前1个半小时结束。

采收时期：果实糖度15度以上，着色比例80%以上时（盛花后175~190天左右采收。

5. **套袋操作法** 按日本操作经验,其套袋方法的最大特征是:将果实套入袋内的全过程,每个手指只动作 1 次。这种高套袋法,1 人操作,1 天工作 8 小时,可套 5 000 个。快手,工作 12 小时,可套 1 万个。其操作顺序和分解动作如图 3-1。

6. **除袋操作法** 在去除外层袋前 5-7 天,将可能接触到或影响果实光照的叶子摘除(一般距果实 10~15 厘米以内)。

在采前 30~40 天,开始摘袋。先撕开外层袋,间隔 3 个晴天(阴雨天不计算在内),再去除内层袋。在一天内,宜在果实温度较高、袋内外温差较小时摘袋,即上午 10 时至下午 4 时,防止日灼。上午摘树冠东面和北面的袋,下午去掉南面和西面的袋。如果个大,宜先将背光面的袋撕开,隔 1~2 天后,再去掉外袋。单层袋应在背光面撕开通风,3~4 天后,再全部摘除。内袋去除应经 3 个晴天(不计阴雨天数)。

据陈宏等试验(1995 年),当套袋期相同时,在一定时期内,稍晚除袋比早除袋的着色率和着色指数好些。而果实可溶性固形物含量则呈下降趋势,但均在 15% 以上。单从提高着色考虑,惠民短枝红富士的除袋期以采前 20 天为宜。若短于 20 天者,则可溶性固形物含量较低,果味较淡。

(九)树下覆银膜技术

1. **银色反光膜种类** 日本用的是在无纺布上涂银色反光材料的反光布;还有一种是涂反光材料的塑料膜,其抗拉力较强。近年来,我国已能生产多种银色反光膜、反光纸,如,银色反光塑料薄膜,贴于牛皮纸上的反光银纸,以及 GS-2 型果树专用反光膜。据厂家介绍,这种果树专用反光膜反射日光性能好,由于膜面呈凸凹波纹状,反射树下地面光为乱反射,所以,反射光照射面大、果树对光的利用率高。膜面有透水孔,雨

①左手掌心向上，放上袋子

②左手的两个手指夹住袋子，袋口向下，袋子与手腕平行，另外三个手指可自由活动

③用右手的食指把袋子取出的同时，把拇指放入袋口

④用左手的拇指、食指和中指捏住袋子左角后向袋中吹气，使袋子膨开

⑤用左手的中指夹住果梗使果实向外

⑥将袋子从里向外拉的同时，左手拇指也伸入袋内夹住果实

图 3-1　套袋程序

⑦将袋子大幅度回转,将两个食指加上左手中指向中间合拢,将果实挤向中间

⑧夹住果实的同时放开拇指,使右手拇指在固定金属片上,左手拇指在袋子的右上部

⑨用左手拇指将袋子7/10的部位往左折过来

⑩用左手拇指支住袋子,用食指折过去

⑪就这样用食指支住袋了,再将袋上固定金属片用右手拇指从右往左折成V字形,套袋完成

⑫让果实位于中央部位是最理想的

图 3-1续

水和灌溉水可由透水孔流入膜下渗入土壤,膜孔间距10厘米,在透水同时,能将膜面上的灰尘、泥土等冲刷干净,保持膜面高清洁度,有利于增加反光效果。因为该膜采用编织物加工而成,故质地结实,有一定硬度,抗力强。应用时,人踩(打药、摘叶、转果等作业)、风雨、灌溉等,都不影响其正常使用。一般银膜可连续使用3年左右,但这种果树专用反光膜的使用寿命可长达5～10年,每年使用时间为2个月左右。

2. 使用方法　①在树冠下,覆反光膜的时期为果实着色期(开始着色至采收)。红富士苹果在山东省胶东地区开始铺放时期为9月上旬。②覆光膜位置,在树盘内外,均应铺严。在株间密植园,可于树行两侧各铺一长条幅反光膜;在稀植正方形栽植园,可于树盘内和树冠投影的外缘铺大块反光膜。如用GS-2果树专用反光膜,在成龄果园,每行树下排放3幅,每幅反光膜宽度1米,树行两边各铺1幅(连续长条),株间那一幅需用剪刀裁开铺放。反光膜铺后,用砖头、石块、绳子或铁钉而不能用土,将反光膜固定好。这种铺法,每亩约需铺300～500平方米。③在铺放反光膜时,切勿拉得过紧,否则会因气温降低,冷缩反光膜,造成撕裂,影响反光效果和使用寿命。铺膜后经常打扫膜上的树叶和灰尘,以增加反光膜的反光效果。④在应用果树反光膜时,应做好相应配套技术:一是枝量适宜,保证亩枝量不超过9万条。二是摘叶,采前1个月内进行两次摘叶,两次摘叶量以不超过全树总叶量的30%～50%为度。这对次年树势、产量和品质均无不良影响。三是转果,当阳面着色达到要求程度后,将果实阴面转向阳面。⑤采前将反光膜小心揭起卷、叠起来,用清水洗净,放到室内无腐蚀性环境条件下存放。

3. 使用效果　树下地面铺反光膜,可明显改善下光(地面反射光)状况,使树冠内膛和下部不易着色的果实,尤其是下垂果的萼洼部位能充分着色。1995年,中国第二届农业博览会上,山东省红富士苹果囊括前14名金牌,这些果的果面全红(萼洼皆红),这与地面反光膜的作用是分不开的。据了解,1992年、1994年连续两届在全国红富士评比中获第一名的山东省海阳县王家山后村的苹果,就是既套袋又铺反光膜生产出来的,全村铺膜5万平方米左右。山东招远市小杨家,还在每个红富士入选果下面,于空中挂一块反光膜,实行单果管理,效果更佳。铺反光膜的主要效果有:

(1)增进果实着色:银色反光膜可显著提高树冠内部的光照强度,解决树冠中、下部光照不足,对促进红色品种果实着色有极显著效果。据试验,红富士苹果铺膜处理的全红果和半红果占总果数42.8%和28.3%,而未铺膜的对照处理为17.0%和33.0%(表3-4)。上述王家山后村1994年红富士树

表3-4 树下地面铺反光膜对红富士果实着色的影响

(江苏丰县,1991年)

处　　理	光　　强(勒克斯)				果实着色程度(%)			
	外围	与对照比(%)	内膛	与对照比(%)	全红果	半红果	部分红果	绿果
铺反光膜	471.2	105.4	161.9	106	42.8	28.3	28.6	0.3
对照(未铺)	449.8	100.0	152.8	100	17.0	33.0	47.7	2.3

下铺反光膜,10月份果实萼洼部分着色,结合其它综合措施,果实着色鲜红艳丽,全红果、特级果比例达90%以上。另据大田试验,采用GS-2型果树专用反光膜采后调查,红富士全红果高达45%,集中着色面达2/3以上者占42%,集中着色面达1/3以上者约占9%,着色不良的约占4%。未铺反光膜的

对照区,全红果比率只有 13%,集中着色面 2/3 以上者占 21%,集中着色面 1/3 以上者占 24%,着色不良果高达 42%。

另据王振德报道,在山东招远条件下,9 年生红富士苹果铺反光膜,树冠外缘与反光膜的外缘相齐,苹果着色率超过了 90%;配合摘叶、转果、套袋等技术,全红果率达到 85%。另外,调查看到,铺反光膜的下垂果萼洼着色率达 98% 左右,全红果率达 85%;未铺反光膜的下垂果萼洼着色率不超过 1%,全红果率为 0。可见铺反光膜可大大提高红富士的着色。

如果应用套袋加铺反光膜处理,其增色效果更好。据王宏等试验(1995 年),在辽宁熊岳的条件下,9 年生乔砧红富士,株行距 4 米×6 米,6 月中旬套袋,9 月 20 铺反光膜(供试反光膜为核工业总公司广汉真空镀膜厂生产的聚乙烯镀铝膜,幅宽 1 米)。试验结果表明,套袋加铺反光膜处理的内膛果实着色明显优于只套袋而不铺反光膜的果实。前者全红果平均为 75.6%,比对照高 4 倍。试验指出,铺反光膜反射光透光率比对照高 0.5 倍,主要改善了树冠下部距地面约 0.5 米处的光照条件,而对 1 米、1.5 米处的光照条件影响较小。套袋加铺膜和只铺膜两处理间,在单果重、硬度、可溶性固形物含量指标上,差异不显著。因此,铺膜一定要结合摘叶、转果和夏季修剪等技术。

在树冠郁闭、透光性差的果园以及全园交接严重的密植园,铺反光膜的增色效果很差。

在铺膜条件下的反光效果,坡地好于平地,南北行好于东西行。

(2)提高果实含糖量:用反光膜的果实糖度提高 1.3 度,恰好弥补了因果实套袋减少的 1～2 度糖度。

(3)经济效益好:每平方米 CG－2 反光膜 3 元左右。亩用

300～500平方米。亩投资900～1500元,使用寿命5年。按亩产红富士苹果2500千克计,每千克苹果反光膜年投入0.06～0.12元。有膜果比无膜果处理每千克增值1元左右,亩增值2000元左右。国外市场红富士每千克售价2～3美元,每千克果增值2美元,亩增值5000美元。所以,铺反光膜经济效益很高。

(十)转果、摘叶技术

1. 摘叶　红富士果实着色期(成熟前6周),太阳直射光对果实红色发育有较大影响,是摘叶的关键时期。在采前6周摘掉果实上面的遮光叶片(遮盖梗洼处叶和紧贴果面的叶子),不但能防止果面上出现叶影花斑,使果面能充分着色,还可避免卷叶虫等利用贴果叶片啃食果面。据日本报道,9月中下旬摘叶,其摘叶程度,树冠上部为19%～59%,树冠下部为34%～78%,这对果实发育和当年花芽形成以及来年的树势等均无不良影响。考虑到我国光照条件比日本好,摘叶程度应轻些,一般控制在30%～50%就可以了。我国大部分红富士产区,可从9月20日开始,先摘除靠近果实的遮阴叶片,包括发黄的、薄的、下部的老叶、小叶,后摘除叶柄无红色的叶和处于生长中的秋梢叶。但摘叶要适时适度,摘叶过早,果面呈紫红不鲜艳;1次摘叶过多,果面曝晒易患日灼;摘叶过量,果面呈现绛红色。摘叶程度:树冠上部和外围果实周围5厘米以内的叶,树冠内膛、下部果实周围10～20厘米以内的叶全部摘除。摘叶时,要保留叶柄。

通过摘叶,树冠透光率明显增加,一般可增加着色面15%左右。

2. 转果　可使阴面果实着色同阳面一样,以利果实着色全面、均匀、艳丽。摘叶后5～6日,用手轻托果实,轻轻转果,将阴面转到阳面。如还有少部分未着色,5～6日后,再微转其方向,使其全面、均匀着色。如果是双果或相邻果,一手托1个,向相反方向扭转,将阴面转向阳面。转果时,应顺同一个方向进行,否则,转来转去,果柄易脱落。转果宜在早晚进行,避开阳光曝晒的中午,以防日灼。通过转果,可使果实着色指数平均增加20%左右。

摘叶、转果技术已在山东等果区开始应用,由于不需要更多的投资,只需几个劳力就能将1亩苹果园大部分果转动一下,其效益十分显著,其产投比在10∶1左右。

(十一)分期采收技术

红富士苹果个大、色艳、质佳、耐贮等特性,只有在适期采收、分期采收的情况下,才能充分表现出来。

1. **适宜采收期的确定**　红富士苹果适期采收,不但有利于当年产量、质量的提高,而且对当年成花和翌年开花、坐果、前期树势等都有很大影响。近年,许多果园采收偏早,甚至在国庆节前采收,急于销售出去,结果是因果个小、着色差、风味淡、不耐贮藏等而销路不畅、售价低,经济效益不高;当然,采收过晚,也有果实成熟过分,不耐贮藏和容易遭受早霜侵袭的可能性。那么怎样确定适宜采收期呢?

(1)根据果实颜色变化:红富士的果皮由绿变红、红色较深,内膛果也微显黄色或浅红色。这时,口尝时汁多味甜,有香气,淀粉味轻,即可采收。

(2)根据果实生长天数:果实生长期是指从盛花后到果实成熟所需的天数。在一定的自然和栽培条件下,果实生长天数大致稳定,一般波动4～5天。在我国中部(黄河流域)果区,红富士苹果的生长天数为175～180天。

（3）根据果实硬度和可溶性固形物含量：用手持折光仪测定可溶性固形物含量，这个指标可作为确定成熟度的参考。在果实赤道线上下相对两处，削去2毫米厚的果皮，将硬度计以一定速度垂直地压进果肉至插入深度线为止，读取压力数，如红富士短期贮藏果硬度达5.90～6.81千克/厘米²，年内长期贮藏果硬度达6.36～7.26千克/厘米²。参考上述两项指标，即可溶性固形物含量高达14％以上，果肉硬度低于7.0千克/厘米²以下表示果实已经成熟。例如，10月27日，可溶性固形物含量达14.73％，果肉硬度达7.51千克/厘米²时，预示应立即采收。

（4）淀粉碘测定：用碘测定果实的淀粉含量是准确测定成熟度的有效方法。碘与淀粉呈蓝色反应，但与糖不起反应。将所测定的果实色泽变化同标准图谱颜色相比，便可确定其成熟度和适宜采收期。红富士短期贮藏果碘反应达1～2级，年内长期贮藏果碘反应也须达到1～2级才能采收。测定时，每次从树冠东、西、南、北、中部位随机取样，共10～20个果，取其淀粉率的平均值。当有80％左右淀粉转化成糖时，便可开始采收。

测定条件：测定果必须是刚从树上采下来的。测定用碘液是新配制的，测定时的温度不得低于10℃，接近成熟时，每2～3天测定1次。碘液配方是：在100毫升水中，溶解5克碘化钾和1克碘。将配好的碘液涂于果实横截面上（从种室正中切开），观察其蓝色反应的级别。

如能将淀粉碘测试法与其它方法结合起来，综合判断红富士苹果适宜采收期，就更加准确可靠。

（5）根据果实呼吸强度：果实在生长发育过程中，其呼吸强度不断变化,呈一曲线。即幼果期,细胞急速分裂,呼吸强度最高;到细胞分裂后期和整个细胞膨大期,呼吸强度剧降;到接近成熟时,呼吸强度又开始增加,此时为果实呼吸跃变期,达到一定高度后,呼吸强度又逐渐下降。因此,可根据果实成熟前呼吸强度的变化特点,确定最适宜采收期。一般认为在呼吸跃变期出现前的3~4天,为其适宜采收期。

除上述几种方法之外,还可根据市场的需要、果实用途(鲜食、贮藏、加工等)、贮藏条件、贮藏期长短、劳力状况等综合确定具体采收期,不能机械地、习惯地按期采收。

2. 讲究科学采果

(1)做好采果的准备工作:根据采果计划,事先准备好各种采收用具(果篮、果箱、果梯、运输工具)、修平运果道路和准备好果场、果库,做到及时入库。

(2)严格培训人员:个个执行操作规范。红富士果皮薄,不耐各种外伤,摘果前,每人要剪短指甲,穿软底鞋;采时要轻摘、轻装、轻卸,尽可能多用梯凳少上树,以保护果实、枝叶。

(3)讲究采果方法:采前应拾净树下落果,减少踩伤。采单果时,用手握住果实底部,拇指和食指按住果柄,向上一抬,果柄与果台分离。采双果时,一手托住其中的1个果,另一手将另1个果采下;然后,再把手托果采下,注意保护果柄。

(4)采果顺序:一般是先采树冠下部,后采上部,先采树冠外围,后采树冠内膛。

(5)宜选好天气采收:不宜在有雨、有雾或露水未干前进行采收。因水滴会使果实发生腐烂。必须在雨天采时,需将果实放通风处,尽快晾干。

3. 分期采收 在苹果适宜采收期内,一株树上所结的果实,因其生长部位、果枝状况、果实数量等不同,其成熟度很不一致。如能分批分期采收,不但能使采下的果实都处于相同的成熟度,而且还能提高产量和品质。

一般从适宜采收期开始,分2~3批完成采收任务。第一批,先采树冠外围、上部着色好、果个大的果实;第二批,在第一批采后5~7天左右,也选着色好、果个大的采。再隔5~7天,将树上所剩果实全部采下。第一、二批果要占全树70%~80%,第三批果要占20%~30%。采前两批果时,要注意别撞落留下的果实,尽可能减少损失。最好对树顶部、高位果,采用多功能高枝剪*剪下果柄并能夹住果实,缓缓放入果箱中。用这种剪子采果不用梯凳,不用上树作业,站在地上操作便可自如采果。剪子柄长1.68米,重量0.7千克,转角240°,使用灵活方便,工作效率高。

(十二)果实品质及优质配套技术

红富士苹果之所以在我国能迅速推广,面积达1 111多万亩,居世界苹果主产国之冠,其主要原因是其果实甜酸适口,松脆多汁,有香味,耐贮藏,符合我国消费者口味,因之售价高,经营效益好。但我国栽培红富士苹果年限短,技术经验不足,资金投入有限,栽培条件和自然条件多不能满足红富士苹果的要求,所以,表现果小、偏斜,着色差,欠光洁等不良经济性状,这是当前红富士生产中普遍存在和亟待解决的问题。

红富士属高档果,除大部分内销外,还应争取出口创汇,据山东省海阳县王家山后村王增云同志介绍,在新加坡,每千克红富士售价2美元。国外市场要求果实质量档次较高。据

＊ 陕西省白水县西固镇生产多功能高枝剪

刘志坚报道(1993年),出口红富士苹果要求质量标准是:单果重250~300克,果形端正,果形指数不小于0.7;果面基本全红(除萼洼、梗洼外),上色均匀,果面光洁,果点细,无污物,无裂口,无病虫害;果柄不缺少,完整,新鲜,黄色程度高;果心附近显蜜者为优。按上述标准衡量,我国苹果质量差距较大,应努力缩小。

1. **果实品质概念**　果实品质是个笼统概念。果实品质的形成是多种环境因素综合影响的结果。果实品质包括食用品质、商品(外观)品质、营养品质、加工品质和贮运品质等。

(1)食用品质:包括肉质(粗细、绵脆、纤维量等)、味道(甜酸、香气)、汁液等。食用品质多用口感品尝鉴定,也可用仪器测出(糖酸、汁液等)。优质红富士的食用品质应该是甜酸适口,松脆多汁,清香爽口。

(2)商品(外观)品质:包括果个、色泽、完整性、典型性、新鲜度、光洁度、果实整齐度等。所谓提高品质,主要是指商品品质。它直接影响产品的竞争和销售能力。红富士优良的外观品质主要表现在果个大、着色红、果形正、光洁整齐等性状上。

(3)营养品质:包括糖、酸、维生素、无机盐、蛋白质等。品种间营养品质差异较小。近年崇尚"绿色食品",由于自然和管理条件的差异,"绿色食品"品质差异悬殊。

(4)加工品质:是指果实加工的适宜性和加工品品质。它主要取决于果实肉质和果肉质地、含糖量等。红富士苹果果肉硬度大,肉质细脆,甜度大,果肉黄,加工性能好,无论加工果汁、果酱、果脯、果干,都能生产出优质加工品。

(5)贮运品质:贮藏品质即贮藏性。红富士苹果较耐贮藏,一些贮藏期病害,如虎皮病、霉心病、斑点病等都很轻。但果实不耐高浓度二氧化碳,易患二氧化碳中毒病。至于耐运性,红富士苹果皮薄,易碰压,在运输中损失较多。

2.红富士苹果品质标准

(1)色泽分级标准:按果面着色率计,红富士苹果分为 4 级:优级果果面着色率在 60%以上;良好级在 40%～60%之间;中级果在 20%～40%之间;等外级不限制。

(2)果实个头分级标准:按红富士苹果横径大小,分为 3 级:80 毫米以上为 1 级;70 毫米以上为 2 级;65 毫米以上为 3 级。山东省规定,75 毫米以上为优级,70～74 毫米为 1 级,65～69 毫米为 2 级。

(3)红富士苹果分等标准:见表 3-5。

(4)红富士苹果卫生指标:按 GB2767－2763 水果类(一鲜苹果)的规定指标执行(表 3-6)。

表 3-5　红富士苹果品种果实分等的质量指标

项　目	等　　　别		
	特　　等	一　　等	二　　等
果　形	圆形或近圆形,不偏斜,果形指数≥0.85	近圆或扁圆形,有偏斜,但不超过总量的 30%,果形指数≥0.80	基本具本品种果形,不得有畸形果
果径(毫米)	≥80	≥70	≥65
果　梗	果梗完整	果梗完整	允许不带果梗,但不得损伤果皮
色　泽	鲜红、浓红,着色面积≥75%	鲜红、浓红,着色面积≥50%	鲜红、浓红,着色面积≥25%
果　面	新鲜、洁净。允许下列规定十分轻微不影响果实质量或外观的果皮损伤不超过 2 项	新鲜、洁净。允许下列规定未伤及果肉,无害于一般外观和贮藏质量的果皮损伤不超过 3 项	新鲜、洁净。允许下列对果肉无重大伤害的果皮损伤不超过 3 项

项 目	等 别		
	特 等	一 等	二 等
①刺 伤	无	无	允许不超过 0.03 厘米² 的干枯者 2 处
②碰压伤	允许十分轻微碰压伤 1 处,面积不超过 0.5 厘米²	允许轻微碰压伤,总面积不超过 1.0 厘米²,其中最大处面积不超过 0.5 厘米²	允许轻微碰压伤,总面积不超过 2.0 厘米²,其中最大处面积不超过 1.0 厘米²,伤处不变褐
③磨 伤	允许十分轻微的磨伤 1 处,面积不超过 0.5 厘米²	允许轻微不变黑的磨伤,面积不超过 1.0 厘米²	允许不严重影响果实外观的磨伤,面积不超过 2.0 厘米²
④水锈和垢斑病	无。允许十分轻微的薄层痕迹,面积不超过 0.5 厘米²	允许轻微薄层面积不超过 1.0 厘米²	允许水锈薄层和不明显的垢斑病,总面积不超过 1.5 厘米²
⑤日 灼	无	允许桃红色及稍微发白处,面积不超过 1.0 厘米²	允许轻微发黄的日灼伤害,总面积不超过 2.0 厘米²
⑥药 害	无	允许不影响规定色泽十分轻微的不明显薄层,面积不超过 0.5 厘米²	允许不影响规定色泽轻微薄层,面积不超过 1.0 厘米²
⑦雹 伤	无	允许轻微雹伤 1 处,面积不超过 0.1 厘米²	允许未破皮或果皮愈合良好的轻微雹伤,总面积不超过 2.0 厘米²
⑧裂 果	无	无	允许风干裂口 2 处,每处长度不超过 0.5 厘米

项　目	等　　别		
	特　等	一　等	二　等
⑨虫　伤	无	允许十分轻微的1处,面积不超过0.03厘米²	允许干枯虫伤,总面积不超过0.3厘米²
⑩其它小疵点	无	允许有5个斑点	允许有20个斑点
病虫果	无	无	无
果实硬度(千克/厘米²)	≥8.0		
可溶性固形物(%)	≥14.0		
总酸量(%)	≤0.4		
固酸比	≥35		

表 3-6　红富士苹果品种果实卫生指标 （GB2767－2763）

项　目	指标(毫克/千克)
总汞量(以汞计)	≤0.01
六六六残留量	≤0.20
滴滴涕残留量	≤0.10

注:国家卫生部 1978 年 5 月 1 日颁布《国家食品卫生标准规定》

　　正如杨庆山等(1993 年)指出,像比久、多效唑等生长调节剂,当前虽然没有明文规定禁用,但已发现对人体健康有害或污染环境,所以,最好不在苹果树上使用,若用比久也应在用后 17 个月再食用苹果。从卫生和人体健康角度看,应少用一些化学物质。

3. 影响果实品质的因素 影响因素是多方面的。

(1)砧—穗特性:属于遗传因素,对品质具有稳定的影响。如某些类型的红富士苹果着色差,风味淡,可通过引选红富士苹果的着色系芽变和采用矮砧、矮中砧木有希望解决,如2001红富士/M_{26}/乔砧,着色较好。

(2)气候条件:重要的是温度、雨量和日照。

①温度:红富士苹果适于在年均温 8~14℃、生长期平均气温 12~18℃地区栽培,其适宜温量指数为 85~120℃。采前 2~3 周气温对果实红色发育起重要作用。较低的平均夜温和 10℃以上的昼夜温差,有利于着色。15℃是花青苷合成的适温。

②雨量:苹果生长期中约需 540 毫米的降雨量。一般花后 40 天干旱,会使果形变扁,果个变小。而水分过多,树势过旺,影响着色,病害加重;前期干旱、后期多雨,易引起梗裂和果面裂(微裂和大裂),或梗锈加重。

③光照:红富士果实着色需直射光。当光照强度相当于自然光 60%以上时,果实红色发育好;低于 60%时,着色受到抑制;小于 30%时,果实着色不良。据有关调查,8 月份以后,树冠透光度达到 30%时,70%以上的果会接受 70%的全日照,果面全红;树冠透光度 20%左右时,60%左右的果只能接受 50%左右的全日照,果面着色 1/2 左右;当透光度 10%左右时,80%以上的果只能接受 30%~40%的全日照。除树冠外围,一般果不着色。所以,通过修剪,透光度要达到 30%左右。

(3)土壤:生产优质红富士苹果的土壤,其有机质含量应在 2%~3%,最好达到 5%~7%。土壤通气不良,氨态氮增加,会影响钙的吸收,加重苦痘病的发生;另外,土壤中的铁、锰也成为还原态,加重黄叶病、粗皮病的发生。

(4)栽培条件:幼果期有灌溉条件、后期又不渍涝的果园,果形正、个大,色味俱佳。有机肥多的果园,营养全面,品质好;氮肥过多果园果色差、糖分低、风味淡、不耐藏。精细修剪、花果适量树,果实品质好。行间生草果园果实水心病轻。

4. 优质配套技术

(1)增进果实着色:优质红富士苹果,关键在于着色好,全面鲜红艳丽。红色是主要的外观指标,也是内质优良的主要表现。一般说,着色越红的果,全面质量也越好。我国过去将着色面达 2/3 的果定为全红果,实际上不符合国际市场标准。在日本,不是全红(梗洼、萼洼在内)的果不能上市。全红果销价高,市场竞争力强。如近年各省和全国性评比中,红富士全红果样品越来越多,竞争十分激烈。就我国高档的红富士苹果质量来看,完全可以达到或超过日本超级市场的商品果。山东省海阳县王家山后村的全红富士苹果享誉国内外,说明我国有条件有能力生产国际一流的商品果。综合各地经验,促进红富士苹果着色好的措施有:

①在适宜栽培区建园:在温量指数 85℃~120℃范围内,选择秋季冷凉或 7~8 月平均气温 22℃左右,7~9 月最高气温大于 30℃的日数不超过 30 天,昼夜温差≥10℃的地区建园。这种地区果实多表现着色早、色调深、蜡质厚、富光泽等特性。同时,注意坡向和小气候,在旱地半阳坡或北坡可能更有利于优质栽培。在近暖地区宜选靠北缘的冷凉地带,在北方果区宜选温度较高的地段建园。

②选择着色更好的类型、品种:除原来引进的红富士(长富 2、长富 6、秋富 1、岩富 10、青富 13 等)外,近年又自选了惠民短枝、86-34、礼泉短富,又从日本引进了新富士(2001)、乐乐富士、红王将及宫崎、福岛、优良等短枝型品种。其着色一般

较好。应于土、肥、水条件较好的地区栽植矮化中间砧（M_{26}）树或短枝型品种；在山丘瘠薄地栽植乔化树。

③选用单行栽植方式：果树栽植密度和方式对果实着色有着明显的影响。红富士苹果十分喜光，因此不能过密栽植。现已明确，乔砧—普通型红富士品种组合，栽植株距3～4米；乔砧—短枝型红富士品种或矮砧（包括矮中砧）—普通型品种株距均为2～3米；矮砧—短枝型品种组合株距1.5～2.5米，行距通常比株距大1～1.5米。如果是无病毒品种、砧—穗组合，株行距还应各加大0.5～1米为宜。为了果实充分着色，不提倡双行密植或多行密植栽培，更不宜搞超高密栽培。

④改善树冠光照：红富士苹果着色与直射光光照时间有直接关系。据报道，果实获全日照70％以上的，果面全红；获日照40％～70％的，部分着红色；获全日照40％以下的，基本不着色。因此，要求果园群体覆盖率不能超过78.5％，冬剪后亩枝量在8～10万条之间，树冠透光率在30％以上。在修剪上，要控制树高和骨干枝数量，打开行间，使行间射影角小于49°，清理层间，改造、处理大辅养枝，采用多疏少截，开张骨干枝、辅养枝角度；加强四季修剪；控制过旺树势，调整枝组密度（每米骨干枝平均有8～12个枝组）与类型（大枝组占10％左右），保证通风透光，果实着色正常。另外，通过春、夏、秋修剪，调节花、果留量，使树势中庸健壮。这类树果实着色最好。据张宗坤研究，强、中、弱树果实着色指数分别为52.6％、83.0％和67.4％。因此，一定要在初果期，抑制旺长，轻剪缓放，使树势转为中庸；相反，在盛果期，则要注意枝组、果枝更新，适量结果，防止树势早衰，培养和维持中庸树势，生产全红果。

⑤科学施肥、灌水：氮素营养与果实着色关系密切。当土

壤和叶片中氮过多时,果实着色不良。在土壤含氮量为0.07%~0.10%、叶片含氮量为2.2%~2.4%时,果实红色发育好。日本安达宗一郎指出,红富士苹果树7月份叶片氮含量大于2.5%,果实难上色;氮含量在2%左右时,果实上色好;而当氮含量小于1.5%时,上色不正常。因此,生产上要避免过量施氮肥。如果5~6月份施氮肥过多,后期着色就差。有人认为,红富士树以氮稍不足为宜。据有关资料,果实氮含量以0.2182%、叶片氮含量以1.2%~1.6%为适值。要特别避免后期(采前)施氮肥,虽能增大果个,但影响果实着色和贮藏性。一般对瘠薄地弱树增氮,可提高叶片功能,增加光合产物,有利于着色。

据有关试验,增施钾肥数量和比例,全红果率比施氮肥的提高19.5%。但钾过多时,钾会对氮的吸收有影响,从而降低红色发育。一般氮钾比在1.2∶1左右时,果实着色和风味均好。

另有试验证明,果园连年施用绿肥和羊粪,全红果率显著增加,羊粪或绿肥处理的全红果率为41.0%,氮、磷、钾肥处理的为18.5%,而对照(不施肥)的为12.0%。增施磷肥,也能促进着色。按经验,每生产100千克红富士苹果,全年需施纯氮0.8千克、磷0.56千克、钾0.64千克。

因此,为促进红富士苹果着色,5~6月份要控制氮肥用量,后期少用或不用氮肥,而增施磷肥。全年施肥应以农家肥为主,速效化肥为辅。

根外追肥也有明显的增色作用。据山东省临沂地区果树站在莒南县文疃村果园喷施光合微肥试验(1990年),于5月15日、6月20日和6月30日连续3次喷布500倍光合微肥,5年生红富士苹果着色指数为0.72,未喷的对照为0.37,提高近 1 倍。据山东省乳山县喷施增产菌试验(1991 年),红富士苹果树发芽前喷第一次增产菌,以后每 20 天喷 1 次,共喷5 次,每次每亩用 30～50 克,试验结果表明,在株产、单果重均增加的情况下,青果减少一半左右,着色面 1/3 的果增加28.6%。在果实着色期,喷布 0.5% 磷酸二氢钾,有显著增红效果,各地已普遍应用。喷施稀土微肥,近年用 0.01%～0.10% 浓度的稀土喷布果树,果实着色面大,增红效果显著。通常稀土可使果实花青苷增加 1.6～3.2 倍,全红果率增加两倍以上。

水分、空气湿度对红富士苹果着色也有重要影响。水分过多,树势过旺,营养集中供应新梢生长,抑制果实着色。干旱季节适量灌水,增加叶片功能,间接促进着色。所以,果实发育初期,树不能受旱或过湿,中期维持一定的土壤湿度,果实成熟期要控制水分供应。注意雨季排水。一般干旱地区着色好,但长期遭受干旱威胁,着色暗淡,或迟迟不上色。在着色期如遇小雨,空气湿度提高,早晚有露水时,或果园浅灌、微喷灌后,着色加速,而且果面鲜红夺目,十分诱人。

⑥叶面喷施植物激素类增红作用:如喷施 802 广增素。在7 年生长富 2 苹果树上,于 6 月中旬、7 月中旬和 8 月中旬喷施 100ppm 的 802 广增素,果面着色 1/3 以上的果实占88.21%,比对照提高 22.86%。据日本报道,采前 20～30 天,喷 1 次 3 000～4 000 倍液增红剂 1 号,增色效果特别明显。据我们在山东、江苏、安徽、河北、河南、陕西等省 3 年多的试验一致表明,采前 40 天左右每 10～15 天喷 1 次增红剂 1 号,红富士苹果着色指数提高 20%～30%(表 3-7)。另据刘炳辉等报道(1995 年),增红剂 1 号能明显提高果实可溶性固形物含量,喷 1 次的,为 16.5%;喷 2 次的,为 18.6%,分别比对照提

高 0.9%和 3.0%。

表 3-7 苹果增红剂 1 号对红富士苹果的着色效果

（陕西省兴平市，吕东方等，1995 年）

处　　理	株数	调查果数（个）	各级果数（个）					平均着色指数（%）
			4	3	2	1	0	
增红剂 1 号 2000 倍液 2 次	5	1365	218	346	402	310	89	58.66
增红剂 1 号 2000 倍液 3 次	5	1160	282	304	274	221	79	60.53
0.2%氯化胆碱 600 倍液，2 次	5	1230	199	231	382	319	199	48.80
对照 1，红果 88 800 倍，2 次	5	1359	171	333	452	285	118	52.88
对照 2，喷清水 2 次	5	1163	42	175	292	369	285	35.50

　　另据吕东方等报道（1995 年），无论树上打增红剂与否，也不论大果、小果，只要着色不良，采取采后地面着色时，喷 2 000 倍液，也有良好的增色效果。同时发现，该药液浓度使用安全，无副作用。喷施萘乙酸，采前 30 天左右，喷 1～2 次 30～40ppm 浓度，可使双红果和全红果率达到 80%以上，比对照（清水）增加 1 倍，同时，能减轻采前落果。喷施乙烯利，旺树，采前 1～4 周，喷 250～500ppm 的乙烯利，可促进成熟，提早着色。据刘广勤报道（1995 年），9 月中下旬，喷 1 000～2 000ppm 乙烯利，红富士苹果可提早 10 天着色。但此类药（乙烯利和含乙烯利成分的药剂）使用浓度不当，易引起采前

落果。使用时要在少量试验成功基础上慎重进行。

⑦严格控制果实负载量:红富士苹果坐果率高,短枝富士易形成大量花芽,花、果量远远超过树体负担能力。根据我国各果区条件,大面积果园亩产以不超过 3 吨为宜,具体产量指标,要因气候、土壤和管理水平及树体状况而定。单株留果量可按前述确定适宜负载量的方法确定。若留果太多,则着色推迟,色泽暗淡。

⑧保护好叶片:叶片完好无损,青枝绿叶,其光合能力强,制造光合产物多,有利于果实着色。8 月份以后,尤其果实着色期,应避免喷布波尔多液,以防果面留下药斑,影响均匀着色。为保护果实,可打宝丽安、克杀得、敌菌丹、复方多菌灵、碱式硫酸铜等杀菌剂。

⑨果实套袋与摘袋:在留单果条件下,于花后 35~40 天进行。宜用双层果袋,单层袋易生日灼,影响套袋效果,更不能用报纸袋或透光纸袋。外层袋在采前 45 天除掉。内层袋如果是绿色的,应在日照良好的情况下保留 5 天;红色内袋保留 5~15 天左右;蓝色内袋保留 5~10 天左右。一天中摘袋的时间应以果面温度较高时为宜。晴天 10 时以后摘除树冠东侧、北侧的,下午 3 时以前摘除树冠上部和西侧的。阴天可全天摘袋。随着科技进步,人们希望在自然增红的前提下,进行无袋栽培,减少劳力消耗,但从目前来看,还没有一项能代替套袋的有效措施,因此,为生产高档红富士苹果,不得不花昂贵代价进行套袋栽培。

⑩摘叶、转果:红富士苹果着色主要靠直射光,树冠内膛的果实,靠散射光基本不着色。除袋前一周,先摘除果台枝附近 5~10 厘米范围内(包括果台莲座状叶)的叶子,然后除去外层袋,待各种颜色的内层袋去除后,经 5~6 天的光照过程,

阳面已着色艳丽时,用手轻转果实,将阴面转向阳面,过些天果面便能呈红色。该项工作一般从9月中旬开始,摘叶始期与果实着色始期一同进行。在摘叶时,应细致剪除树冠内膛直立枝、密生枝和徒长枝,否则摘叶、转果和套袋的效果不明显。转果的具体时间应以果面温度开始下降时为宜,晴天以下午2～3点钟以后较好,阴天可全天进行。

据杨庆山报道(1993年),日本在采果前使用化学摘叶剂摘叶,这种摘叶剂叫"均卡拉"(ジヨンカラ)。于采果前30天以内喷布1 000倍"均卡拉"药液,只喷1次,不能重复,注意要在晴天喷布,每亩喷药量约290升,着重喷布果实上的遮光叶,加用粘着剂时,效果更好。喷药期不能太早,以免影响果个发育和花芽形成。注意红富士的弱树和采前易落果的品种,不宜使用这种摘叶剂。在正常情况下,喷摘叶剂后7～9天,叶片变黄,再经5～6天,开始自然脱落。若喷后气温降低,则落叶推迟,为此可于喷药10天后再喷1次清水,即可促其落叶。在落叶当中,以果台莲座状叶为主,而新梢上的叶很难脱落。我国各苹果产区光照条件比日本好,摘叶程度可适当轻些。

⑪树下铺反光膜:在红富士果实着色期(9月上旬),树盘修成中心高外围低的凸面,清理树盘内杂草,用耙子耙平,然后按要求铺反光膜,固定好四周。反光膜可增加树冠的下光量。其中有50%～60%的红黄光,可全部为果实吸收,萼洼着色良好。在着色差的地区,果实着色率可提高45%～65%。山东省海阳县王家山后村"皇家红富士"苹果之所以全面着红色,与套袋、铺反光膜有很密切的关系。

⑫适时晚采:红富士苹果生育期长达175～180天。在适宜采收期内,采收愈晚,着色愈好。据周培庆报道(1992年),果实着色面80%以上,10月5日采的果,只占0.9%,10月

15 日采的果,占 14.2％,10 月 25 日采的果占 34.5％,11 月 4 日采的果,则占 45.8％。可溶性固形物相应为 11.4％、13.4％、13.4％和 15.5％。但晚期采收,要注意保护叶片,选择药种,减少污染。

⑬选择适宜的砧—穗组合:目前,在大面积生产上,有许多是高接的红富士树。其高接砧树品种对红富士苹果的着色也有一定影响。据张宗坤等报道(1983 年),以元帅、红星为砧树的红富士,其果实着色最佳;以国光为砧树的红富士,果实着色较好,与红星砧树的果色差异不明显。而以金冠和鸡冠、青香蕉为砧树的,果实着色最差(表 3-8)。因此,最好选用国光为砧树,不但果实着色红,而且产量高。

表 3-8　高接砧树对红富士果实着色的影响

(张宗坤,1983 年)

高接砧树品种	高接品种	平均着色指数	着色 60％以上的比例(％)
红星	长富 2	70.37	52.85
国光	长富 2	65.79	45.34
青香蕉	长富 2	61.99	39.23
鸡冠	长富 2	60.67	32.67
金冠	长富 2	60.34	36.39

⑭采后增色:对于着色差的果,可用采后增色法使其增色。具体做法是:为果实创造 10％左右的光照、10～20℃的温度、90％以上的空气相对湿度和早日果皮着露的条件,果实增色显著。为此,选择平坦、宽敞、通风良好的地方,先铺 3 厘米厚细砂,摊平砂面,将果柄朝下,果实间稍有空隙,单层摆好。

每天早、晚用干净喷雾器,向果面各喷 1 次清水,等太阳出来后(上午 7～8 时),用草苫(帘)盖严,防止强光照射。如发现日灼,可在下午 4～5 时揭帘,使果面晚上着露。为了减少果面磨擦,在遮盖时,可在高出地面 35 厘米处搭架,上面再摆果,盖帘,一般经 5～7 天,果实就着成红色了。据吕东方报道,采后增色过程中,不喷清水,改喷增色剂 1 号,也能明显增色。着色指数可提高 10%～20%。

(2)增大果个:红富士苹果优质果个指标是单果重 200 克以上,而且,要求一级果率占 80%以上。如果单果重在 200～300 克,其固有的色泽、形状、风味、汁液、肉质、糖酸度等优良性状都会充分表现出来。中国第二届农业博览会上,前 20 名金奖红富士,一般单果重都在 300～350 克,而且大小一致,整齐度高。在相同条件下,红富士大果含糖量比中等果高 1.78%,比小果高 4.13%。小果皮厚、质硬、糖度低、酸度高、口感差。在日本,红富士果多论个卖,在长野县单果重 150 克的,售价 600 日元,单果重 300 克的,售价 700 日元。在我国,红富士大果与小果差价越来越大。据 1996 年 1 月《果农报》(山西省运城)报道,主产区临猗县北辛乡一带,红富士苹果 70～75 毫米(横径,下同),500 克售价 0.90 元,75～80 毫米的售 1.20 元,80 毫米以上的售 1.75 元。万荣县丁樊乡一带,红富士 70～75 毫米的售 1.20～1.30 元,75 毫米以上的售 1.50～1.60 元,80 毫米以上的售 2.10 元。由此看来,还是应追求大果。但也不是越大越好,凡果重超过 350 克的,肉松味淡。据 1995 年秋季南方信息,红富士横径 90 毫米以上的销路不如 80～90 毫米之间的,原因是果太大食用不方便(需分着吃),价格昂贵。在管理水平高的果园大果率可达 90%以上。果个大小,主要取决于花后 40 天(尤其 16 天以内)细胞分裂

数目和后期(膨大期)细胞体积的增加。增大果个的措施有:

①加强土肥水管理:这是增大果个的根本性措施。山地要及时整修梯田、树盘,滩地要掏沙换土,深翻改土,随树龄和树冠的增加,增施足够的有机肥,使大量根系分布层的土壤有机质含量达到 2%～3%。在果实膨大期追施磷钾肥或复合肥,可使果重增加 6%～21%。凡优质红富士苹果园都在施全肥上下功夫。据刘志坚报道(1995 年),第二届中国农业博览会两枚金牌获得者山东省招远市蚕庄镇前孙家果园的经验,在发芽前,给 8 年生树株施大黄河有机肥 4 千克,果树专用肥 2千克,展叶后,每 15～20 天喷 1 次氨基酸复合微肥,年喷 5～6 次。另外,招远市阜山镇九曲村(2 枚金牌获得者)在果树发芽前树盘撒施 5 厘米厚的猪圈粪,浅刨 10 厘米,耙平后,随即浇透水。花后 40 天,要使果园土壤相对含水量稳定在 60%～80%,注意雨季排水防涝,不进行大水漫灌。9～10 月份不缺水,保持土壤湿度适宜与稳定。

据辽宁省果树研究所报道,6 月上中旬追施磷、钾肥或果树专用肥,百果重增加 15.4%～50.6%,一、二级果率增加28.1%～162.4%,处理树比对照树增产 48.6%～204.3%。

喷布 802 广增素,以 100～150ppm 处理的增产效果显著,单果重增加 16%。

据山东省烟台试验,自红富士苹果树展叶开始,每 15～20 天喷 1 次 500 倍光合微肥,年喷 3～5 次,平均单果重增加15%～20%,亩增产 25%～35%。另据山东省临沂地区果树站试验(1992 年),5 年生红富士苹果树分别于 5 月 15 日、6月 20 日和 6 月 30 日喷 500 倍光合微肥液,平均单果重 180.2克,对照为 169.4 克,比对照增重 10.8 克。

据山东省乳山县试验(1991 年),红富士发芽前开始,每

20 天喷 1 次增产菌,每次每亩 30～50 克,年喷 5 次,单果重比对照增加 13.14％,增产 13.7％。

红富士苹果盛花期后 20 天,喷施 100 毫克/升苄基腺嘌呤,单果重可增加 56.3 克,大果比例增加 30.2％。喷施 200 毫克/升苄基腺嘌呤,单果重增加 58.8 克,大果比例增加 40.8％。

据河南省灵宝市园艺场刘天送试验报道(1995 年),红富士苹果喷布果实膨大素,果实个头明显增加。1994 年,花期喷 1 次,幼果期喷两次(相隔半月),浓度为 250 倍液。采收调查 4 500 千克果,80 毫米以上的占 77.8％,75 毫米以上的占 15.6％。

②严格控制花、果留量:在花期气候条件好时,可采用"以花定果"法疏留单花、中心花、中心果;在花期气候条件不利时,可先按距离留花丛,每丛留中心花和 1 朵边花。待疏果时再留单果。使叶果比达到 60～80：1,枝果比 6～8：1,特级果率可达 90％以上。在适宜负载量基础上,尽可能使果实在树上分布均匀,在壮枝上留中心果、侧向果、下垂果、端正果、大个果、健康果。

③合理修剪:冬剪时,疏除无效枝芽,调整花、叶芽比达到 1：3 左右,使树势保持中庸状态。注意更新衰老果枝和枝组,使大部分果枝年龄处于 2～6 年生状态。同时,要改善内膛光照,及时落头开心,收缩辅养枝,控制直立枝,疏除密生枝和徒长枝,使每米骨干枝上有 8～12 个枝组,每亩保持 8 万～10 万个枝(果枝和发育枝之和)。密植果园要保持每亩 8 万个生长点。值得注意的是,苹果树长放多留,连年甩放,会造成枝条横生竖长,内膛郁闭,花芽瘦小,果个大小不齐。如盛果期粗放修剪树无大果,小果率达 13.1％,而细致修剪树,小果率只占

4.4％，而大果率高达 43.8％。

④适当延迟采收期：近几年，苹果采收普遍偏早。据试验，红富士苹果盛花后 155 天，平均单果重 280 克；盛花后 195 天，平均单果重 332 克，即 40 天中，平均单果重增加 52 克，平均日增重 1.3 克。到近成熟时，果重增加更快。因此，早采 40 天，果重损失 15.7％，早采 20 天，果重损失 6.3％。所以，应坚持适当晚采，有利于果个肥大。

（3）端正果形：果形是主要的商品性状之一，每个红富士品种均有其标准果形。如长富 2 果形偏高，秋富 1 果形偏扁（果形指数 0.7 左右）。一般红富士果形歪斜不正居多，端正果少。据贾希友报道（1994 年），一般园片偏斜果率达 15％～30％，严重者达 60％～70％。影响果实偏斜的因素有：

果实着生状态，果顶（萼洼）向下，偏斜果率仅占 30.8％，而果实侧生、果顶向上果偏斜率分别为 60.5％和 67.5％。串果、密集果，一般侧生，果顶向上，易生成较多的偏斜果。

授粉受精不良，6 月生理落果后，偏斜果 100％是受精不良的果实，种子数明显少于端正果。每个偏斜果都有 2～3 个相邻心室无种子或少种子，其相对应的果肉细胞发育不正常，而导致偏斜。

疏花疏果与果实发育密切相关，每丛坐果 2 个以上，果实相互拥挤，争夺营养，果形发育不良。疏花疏果园果实偏斜率占 23.5％，不疏除园果实偏斜率为 63.7％。上年管理水平高，正常落叶，叶片完好率 95％以上的树，果实偏斜率为 31.2％，上年管理水平低，叶片早落的树，果实偏斜率达 68.5％。

优质红富士果实要求果形端正、高桩、果形指数 0.85 左右。获得标准果形的技术有：

①选择适宜栽培区：按红富士区划栽植，栽培在红富士适

宜区和最适宜区的树,容易实现优质生产。如,花后 6～16 天内,正是果实细胞快速分裂期,气温冷凉,果实往往长成长圆形。在高温地区和高温年份,果形较圆,一般平原地区果形较圆或呈肥矮型。在雨量偏多、气温适中的渤海湾果区(山东省胶东果区等),红富士果形高桩。而在较干旱的黄土高原果区,红富士果形变扁。

②加强花期授粉:通过人工点授,机械喷粉,蜜蜂、壁蜂授粉,使受精充分,种子发育良好,有利于减少偏斜果和畸形果。

③采用生长势强的砧木:在气候条件有利于果实变长时,用生长势强的砧木,果形较长。

④控制果实负载量:负载量过高,果实营养相对较差,果形趋扁。一个果台上坐两个以上果实时,两果之间出现大小不齐、果形不正者甚多,甚至表现畸形。随着果丛坐果数的增加,果形指数变小,一般徒长性果枝和强果台枝的果也较扁些。

⑤改进留果技术:定果时,尽量留中心果,因中心果果个均匀而偏长,侧果偏扁。另外,还要留果肩平整、萼洼朝地的下垂果,这种果果形端正,果形指数也大。如单果横置于枝权间,不但果形指数小,而且呈矮扁不规则形。因此,要求在 7 月初以前,对全树果实进行一次总检查,首先理顺横向果,令其下垂;其次要清理密生果、双生果、畸形果、小果、病虫果等,使留下的果能正常发育,达到果形优美的要求。

⑥喷布普洛马林:也称"宝美莲"、果形剂、蛇果素、拉长剂等。其有效成分为赤霉素(含 1.8%)、6-苄基腺嘌呤(含 1.8%)。在中心花开花 50% 和 80% 时各喷 1 次,红富士苹果树,每公顷用药 2.5 升,1 000 倍液,最好在夜间喷布,有利于药剂吸收。普洛马林可使果形拉长,单果重增加 5%～15%,果形指数多在 0.90 以上。

（4）保持果面光洁：果面光洁给人以美好印象，引起消费者的食欲，果面光洁度是一项重要的商品指标。提高果面光洁度，除正确选择园地、培养好树体结构外，主要应抓以下措施：

①及时防治病虫害：对可能造成果面污染和伤害的病虫害（如食心虫、卷叶虫、霉污病、轮纹病、炭疽病等）要进行及时有效的防治。

②套袋：套袋是造成果面光洁最有效的措施，应尽可能采取套袋技术，详细操作已经介绍，这里不加赘述。

③喷美果露（灵）：在花蕾期、果实膨大期、果实生长后期，各喷1次600倍美果露（灵），在开花期喷布浓度为800倍，其余时期喷600倍液，全年喷3～4次。

④采前不用波尔多液：一般采前1～1.5个月即9月上旬开始，停止使用波尔多液，而改用其它无颜色、残效期短、无残斑的杀菌剂。这样可以减轻因喷波尔多液产生的药斑，从而使果面光洁。

⑤减轻生理病害：在生长期，可喷布钙肥，防治水心病、苦痘病、痘斑病等；喷布硼肥，防治缩果病、栓质化病等。

⑥适时晚采：果实快成熟前，果面蜡质层增厚明显。适当晚采，让蜡质层充分发育，不但果面光泽亮丽，而且果实更耐贮藏。

⑦保护果面：喷布500～800倍高脂膜或200倍石蜡乳剂以及巴姆兰等果面保护剂，可有效地减少果面锈斑或果皮微裂，对提高果实外观品质十分有利。

（5）提高果实耐贮性：果实贮藏期间发生的许多生理病害都与钙、镁、钾、氮、磷等元素供应失调有关。果实品质的形成，早在果实生长过程中就已奠定。因此，提高果实耐贮性应从以下措施入手。

①合理施肥:施氮肥过量,果肉松散,易患苦痘病、水心病,不耐贮运。当叶内含氮量超过绝对干重的2.2%~2.6%时,果实贮藏性下降。在100克果实鲜重中,含氮量达到60毫克以上时,果实腐烂率显著增加。

磷,在100克果肉中磷含量低于7毫克时,果实褐变病、腐烂率相应增加。叶内磷的含量不低于干重的0.3%~0.5%为正常标准。

钾,在叶内最适含量是1.6%~1.8%。过量钾会降低钙的吸收,易引起苦痘病和烂心病(霉心病)的发生。

钙,在100克鲜重中,钙含量低于5毫克时,果实生理病害增加。当钙含量低于绝对干重的0.06%~0.07%时,果实易患苦痘病、水心病和内部变质。为防治苦痘病的发生,可于花后6~9周,喷布0.3%的硝酸钙加0.3%硼砂混合液,防治效果可达76.4%~77.5%。在采前和采后,对苹果进钙(氯化钙)处理,能显著减少苦痘病果率和提高果实贮藏能力。

硼素缺乏,果实易患内、外部栓质化病。但硼施过多,又会抑制钙的吸收,水心病也严重。适量施硼和喷硼可促进钙的吸收。花期喷硼的浓度为0.2%~0.3%。

镁与钙有颉颃作用,镁多会影响钙的吸收。钙在果实中过多,果实易患苦痘病。

②适量、适时灌溉:不经常灌溉的果园,钙、硼供应会受到破坏,从而导致痘斑病和栓质化等生理病害的发生。土壤干旱后,大量灌水,易造成果皮裂纹(微裂或大裂口);采前大量灌水,贮藏果易提早萎蔫,引起膨松(开花病)、苦痘病和水心病的发生。

③加强土壤管理:长期生草制果园,苹果着色好,硬度大,比秋耕休闲地上的果实含氮少,含磷、钾多,较抗低温伤害和

寄生性病害。

④适度修剪:连年重剪,新梢旺长,养分消耗多,使果实严重缺钙,因而苦痘病、水心病、真菌腐烂和虎皮病大量出现。

⑤砧木选择:一般矮砧树生长中庸、墩实、健壮、光合产物大部分供应果实,因此,矮砧树红富士苹果,其苦痘病果率比乔砧树低。在矮砧树中,M_9和M_2砧上的红富士苹果苦痘病果率又比M_7,M_{26}和MM_{106}上的低。

⑥贮藏用果选择:贮藏中损失较多的原因之一,是对贮藏果选择不严格。果实贮藏性以盛果期稳产树较好。通常,小年树上的果,个头大,不耐藏;大年树上的果,风味差,贮藏中易提早萎蔫。在一株树上,要选树冠中部的果,因树冠顶部果多患苦痘病、水心病,树冠内膛果又易患虎皮病。从果个来说,要挑选中等果贮藏,因大果果肉疏松易绵,常染苦痘病、虎皮病和受低温伤害。一般不宜贮小果,因小果风味淡、质硬,并提前萎蔫。

⑦确定采果适期:一般短期贮藏的果应适当晚采;长期贮藏果,应适当早采几天。

(十三)"绿色食品"苹果生产技术

1."绿色食品"的概念 "绿色食品"是无污染的安全、优质营养类食品的统称。鉴于与环境保护有关的事物都冠以"绿色",为了更突出该类食品是出自良好的生态环境,因此,定名为"绿色食品"。国家规定,"绿色食品"必须具备以下条件:

第一,产品或产品原料的产地必须符合农业部制定的"绿色食品"的生态环境标准。

第二,农作物种植及食品加工业必须符合农业部制定的"绿色食品"的生产操作规程。

第三,产品必须符合农业部制定的"绿色食品"的质量和卫生标准。

第四,产品的标签必须符合农业部制定的《"绿色食品"标志设计标准手册》中的有关规定。

2. 建立"绿色食品"苹果园的意义 "绿色食品"苹果园,其产品应是无污染、有益人类健康的果品。这种"绿色食品"在市场上深受欢迎,售价倍增。目前,市场上出售的果品绝大部分是被农药和化肥污染了的。食用这类果品时,如果不去皮、不清洗或未经特殊处理,会使人慢性中毒、生病,甚至死亡。从今后市场发展趋势看,只有符合国内外无公害食品指标("绿色食品")要求的果品,才能作为商品在国内外合法流通。北京市南口农场曾获得"绿色食品"认证,果品售价提高 50% 以上;山东省海阳县王家山后村的"皇家"牌红富士,1993 年获国家"绿色食品"证书,1994 年春又获北京国际展览中心颁发的"保健食品"金奖和证书,并获产品直接出口权。该产品在曼谷"93 年中国优质农产品及科技成果展览会"上评为金奖。"绿色食品"商标标志编号为 LB-31-000445。"皇家"红富士畅销 11 个国家和地区,深受国内外客商的赞誉。山东省招远市东庄乡的"富冠"牌苹果,1993 年也获国家"绿色食品"证书,从而带动了烟台地区"绿色食品"苹果生产,推动了山东省乃至全国的无公害果园的建立。

3. 果园污染及其防止

(1)大气污染:大气污染物有 28 种之多,其中二氧化硫等对果树危害最重。这类物质多由工厂(化肥、硫酸、钢铁、炼油、发电)排放。二氧化氮对苹果树危害较重,造成落叶。为此,要远离污染源建园,敦促工厂处理"三废"。

(2)土、水污染:土壤和水体的污染源包括农药、化肥和工矿废水、废渣、废气的污染。另外，还有燃煤、生活污水、垃圾的污染。

①农药污染：高残毒农药，无论在环境中，还是在人体内不易被分解。如 DDT、六六六在土壤中可残留 10～11 年，现已禁用。五氯苯酚、西玛津较短些，代森锌、克菌丹为 2～3 个月。甲胺磷、久效磷、甲基对硫磷在果树上禁用。其它高效低毒农药也要在采前 1～2 个月停用。防止办法是果实套袋，但只用套袋还不足以防止人畜污染中毒。

②化肥污染：大量施用氮、磷肥后，会造成水、土以及果实中硝酸盐的积累，成为有毒的亚硝酸盐，将引起癌变。防止办法是多施有机肥和绿肥，少施、不施化肥，化肥最好喷用。

③灌溉水污染：用城市生活污水和工业废水灌溉果园，污染严重，有时造成烂根死树，或人畜受害。为此，果园灌溉前，应进行水质分析。

（3）果品污染：主要是来自农药、化肥污染。因此，在农药使用中，要严格按安全标准办事，尽量选用低残留农药、选择性强农药和生物农药。

4. 苹果"绿色食品"生产技术要点　据山东省烟台市果树所报道（1994 年），烟台地区无公害优质苹果生产技术要点摘要如下：

（1）改良土质，配方施肥：当前，苹果园多偏施氮肥，而磷、钾肥严重不足，微量元素缺乏，有机质太少。为此，应大力推广树盘覆草，多施农家肥。根据土壤养分分析，采用配方施肥，增施微量元素肥料，忌施单纯氮肥。发芽前补施锌肥，花期、幼果期补充硼肥，结合施用双效微肥、磷酸二氢钾；浇足发芽水，浇好花后水。6～7 月份控制漫灌，浅施肥，进行树盘覆盖。

（2）调整枝量，改善光照：积极推广以纺锤形为主的树型模式。盛果期后,剪后亩枝量控制在 6 万个左右。长、中、短果枝比例保持在 2：1：7 的范围内。6～7 月份,树冠透光度在 30% 左右,确保枝枝向阳,果果见光。

(3)以花定果,严格疏果:冬剪调节花枝率 30% 左右。花序分离期疏花蕾和花,每序只留中心花,边花全部疏除。在全树中心花 50% 开放时,进行人工授粉,辅以放蜂。在铃铛花时,掰开花瓣点授。花后 10 天开始疏果,每序留 1 个果。果实间距 25 厘米左右。花后 1 个月内疏完。

(4)护果:果实套袋、摘叶、转果、树盘铺银膜。

(5)防病防虫:采取综合防治措施,合理用药,防治病虫害。

5. 苹果"绿色食品"病虫害防治历 这里介绍山东、陕西两省部分果区的病虫害防治历,仅供参考。

(1)山东省烟台市果树研究所:1994 年提出无公害优质果品病虫害综合防治历,具体内容如下:

①休眠期(11 月至翌年 3 月):防治对象是腐烂病、轮纹病、瘤蚜、绵蚜、卷叶虫、金纹细蛾等。防治措施:

第一,清除病源,清扫落病枝、病果,集中烧毁。

第二,刮除枝干老翘皮、病斑,然后用腐必清、治腐灵 3～5 倍液涂枝干及病疤。

第三,绵蚜重的园块,用 500 倍乐斯本或 20～50 倍氧化乐果,涂绵蚜越冬场所。

②发芽前后(3 月下旬至 4 月上旬):防治对象,主要有腐烂病、轮纹病、白粉病、小叶病、瘤蚜、金纹细蛾等。防治措施:

第一,发芽前,全园喷 1 次 50 倍 40% 晶体石硫合剂(青岛第二农药厂产)。

第二,瘤蚜重的树,喷 40% 氧化乐果乳剂 1 000 倍液。

第三,4月上旬,树上挂金纹细蛾诱芯,每亩5～10个。

第四,检查、刮净腐烂病疤,新、旧病疤全刷1次50倍安索菌毒清。

第五,小叶病重园,喷1次20倍硫酸锌。

第六,发芽后喷1次800倍C型双效微肥(大连产)加0.5%尿素液。

③花期前后(4月下旬至5月上旬):防治对象有叶螨、金纹细蛾、腐烂病、白粉病、霉心病等。防治措施:

第一,花前喷1次800倍双效微肥加0.3%磷酸二氢钾,或3000倍增产菌加0.3%磷酸二氢钾。

第二,腐烂病疤重刷1次腐必清原液或50倍菌毒清,大病疤可用桥接法挽救。

第三,及时剪除白粉病梢、花序,花蕾分离期喷1次300倍菌毒清液(兼防霉心病),或2000倍20%粉锈宁乳油(江苏建湖农药厂产)。

第四,叶螨越冬基数大的果园,喷1次2500～3000倍螨死净,或1500倍尼索朗。

④麦收前后(5月中旬至7月上旬):防治对象是斑点落叶病、轮纹病、炭疽病、叶螨、卷叶虫、金纹细蛾、黄蚜、桃小等。防治措施:

第一,5月中旬喷1000～1500倍多氧霉素加1000倍20%甲基托布津(或多菌灵等)。

第二,花后7～10天喷2500～3000倍螨死净(山东乐陵农药厂产)或1500倍尼索朗加800倍双效微肥。

第三,苹小卷叶蛾严重园,5月下旬,田间挂赤眼蜂卡,每4天挂1次,共3次,每株释放蜂量500～1000头。

第四,5月下旬,喷8000倍氟幼灵(通化化工研究所试验厂产)或 2 000～3 000 倍灭幼脲 3 号加 500～600 倍复方多菌灵加井冈霉素(江苏太仓农药厂产),防治潜叶蛾有特效,并兼治早期落叶病。

第五,搞好桃小预测预报。5 月下旬至 6 月上中旬,每次雨后或浇水后,地面喷洒 300 倍 25％辛硫磷胶囊剂或 500 倍乐斯本,着重喷树干周围。喷后浅锄,耙平。

第六,6 月下旬至 7 月上旬,第一代桃小成虫发生高峰期后,树上喷 2 500 倍 30％桃小灵乳油(京蓬农药厂产),或1 000倍青虫菌 6 号,或 600 倍 Bt 乳剂。

第七,黄蚜不特别重的果园,不必喷药,只要不喷全杀性剧毒农药,麦收后瓢虫等天敌会集到果树上,可将其控制住。

⑤下半年到采收(7 月上旬以后):防治对象是早期落叶病、轮纹病、炭疽病、叶螨、黄蚜、绵蚜、桃小等。防治措施:

第一,7 月上旬至 8 月下旬,打 2 次波尔多液,中间夹 1次代森锰锌。

第二,叶螨重的果园,打 1 次 2 000～3 000 倍扫螨净粉剂(江苏建湖第二农药厂产)。

第三,棉铃虫重时,打 1 次 1 000～1 200 倍 24％万灵水剂(杜邦上海有限公司产)加 800 倍双效微肥。

第四,8 月中旬,防治桃小脱果幼虫和其它食心虫等,打 1次菊酯类农药加双效微肥,有增效作用。

第五,8 月下旬后,可用碱式硫酸铜、可杀得、代森锰锌等杀菌剂。

(2)窦连登、江景彦:1994 年为山东省海阳县王家山后村制定的苹果园"绿色食品"病虫害防治历,见表 3-9。

表 3-9 苹果"绿色食品"病虫害防治历

(窦连登、汪景彦,1994 年)

时　　期	防治对象	防治方法	备　　注
发芽前 (3 月中下旬)	腐烂病、干腐病、粗皮病、蚜虫、红蜘蛛等	安索菌毒清 400～600 倍液或腐必清 80～100 倍液	喷药或涂药前先刮粗皮,绵蚜重园可加乐斯本 1000倍液喷洒
开花前 (4 月底至 5 月初)	金纹细蛾、霉心病、白粉病等	喷乐斯本 2000 倍液或增产菌 2000 倍液	
花　期	缩果病	喷硼砂 300 倍液	
落花后 10 天 (5 月中下旬)	红蜘蛛、早期落叶病、轮纹病、炭疽病	喷螨死净 3000 倍液,或尼索朗 1500 倍液加增产菌 2000倍液,或扑海因 1500倍液,或多菌灵 800～1000 倍液	多雨,10 天后,加喷 1 次多菌灵
麦收前 (6 月上旬)	早期落叶病、轮纹病、炭疽病	喷 1∶3∶300 倍波尔多液	如金纹细蛾发生重,可喷灭幼脲3000 倍液,混多菌灵 800～1000 倍液
5 月下旬至 6月上旬	桃小食心虫	地面撒 25%辛硫磷微胶囊 300 倍液或50%辛硫磷 300 倍液或对硫磷微胶囊 300倍液或乐斯本 600 倍液	同时对地堰撒药或喷药
6 月底	桃小、早期落叶病、轮纹病、炭疽病	地面施药同上。树上喷 1∶3∶300 倍波尔多液	

时　期	防治对象	防治方法	备　注
7月下旬	早期落叶病、轮纹病、炭疽病、食心虫	喷1：3：300倍波尔多液或多菌灵800～1000倍液；树上喷灭幼脲或青虫菌	
8月上旬	同上	同上	

（3）西北农业大学：花蕾曾为陕西渭北苹果产区提出"无公害苹果生产病虫防治历"（内容、形式略有改动）：

①3月：防治对象为叶螨、介壳虫、白粉病。防治措施是树上喷布5波美度石硫合剂。

②发芽前：防治对象为苹果树腐烂病、叶螨、介壳虫、白粉病、炭疽病、轮纹病、金纹细蛾、黑星麦蛾、黄斑卷叶蛾。防治指标和措施：

第一，上年苹果树腐烂病发病率达20%时，喷腐必清50倍液。检查树体，刮除病皮，涂抹腐必清原液、843康复剂或抗生素S－921的30倍液。

第二，病虫严重的喷1～3波美度石硫合剂或50%柴油乳剂。

第三，彻底剪除病果、僵果、病果台、病枯枝等。清扫园中落叶并烧毁，消灭越冬虫蛹和成虫。

③展叶至花前（4月上旬）：防治对象是梨星毛虫、苹果小卷叶蛾。防治措施：

第一，喷布0.5%蔬果净1500倍液。

第二，剪锯口涂抹90%敌百虫或敌敌畏200倍液。

④花期：防治对象是金龟子。防治措施是果园插杨柳枝条

（事先蘸 75％辛硫磷 100 倍液）或花前喷 0.5％蔬果净 1 500 倍液，辅以振落和灯光诱杀。

⑤花后：防治对象是苹果树腐烂病、白粉病、叶螨、桃小、顶梢卷叶蛾、苹果小卷叶蛾、早期落叶病、炭疽病、轮纹病等。防治指标和措施：

第一，继续检查、刮治腐烂病疤，对大伤疤进行桥接。剪除病枝、病梢并烧毁。

第二，每叶有活动螨 4～5 头时，喷 0.2～0.5 波美度石硫合剂或 40％水胺硫磷 1 000 倍液或最好喷 20％螨死净 3 000 倍液（乐陵农药厂产）。

第三，当桃小出土幼虫数量突增或田间诱到第一头雄蛾 5 天后，地面施新线虫或泰山 1 号线虫，1 平方米 60 万～80 万条，白僵菌粉（100 亿孢子），1 平方米 8 克加对硫磷微胶囊 0.3 毫升或 50％二嗪磷 200 倍液。

第四，人工彻底剪除顶梢卷叶虫梢。人工捕杀苹果小卷叶蛾幼虫。诱杀成虫。苹果小卷叶蛾雄蛾出现后，每 4 天释放 1 次赤眼蜂，每株 1 000 头，共释放 3 次。

第五，喷布 1∶2∶240 波尔多液或 50％甲基托布津 700～1 000 倍液或 50％多菌灵 600～700 倍液。金冠不宜用波尔多液。

⑥麦收前后：防治对象是金纹细蛾、梨星毛虫、卷叶虫、桃小、叶螨和苹果树腐烂病。防治指标和措施：

第一，喷布 40％水胺硫磷 1 000 倍液，90％敌百虫或 80％敌敌畏 800～1 000 倍液。

第二，当国光、金冠苹果桃小卵果率达 1％时，喷 30％桃小灵 2 000 倍液，注意果实尊洼和叶背要喷到。每叶上活动螨 5～6 头时，混喷 20％螨死净 3 000 倍液。

第三,继续检查刮治腐烂病疤。落皮层形成期对主干、主枝重刮皮,以露出白绿或黄白色皮层为限。

⑦夏季:防治对象是早期落叶病、炭疽病、桃小、叶螨、金纹细蛾、卷叶虫、舟形毛虫等。防治措施:

第一,摘除炭疽病果,深埋。药剂防治同前。

第二,根据测报情况喷药。药剂用20%灭扫利2500倍液或10%天王星5000倍液。

第三,人工捕杀卷叶虫,喷药防治同前。

第四,舟形毛虫幼虫群集期人工捕杀,分散期喷药,并可结合防治桃小。

⑧秋季:防治对象是苹果树腐烂病、桃小、叶螨。防治指标和措施:

第一,细致剪除树上病梢并烧毁。刮主干病皮。对春季所刮病疤重涂一次腐必清或843康复剂。

第二,摘除桃小虫果。田间蛾量仍多时,用青虫菌6号或灭幼脲3号1000倍液防治桃小。

第三,当活动螨量每叶达到7～8头,且天敌与害螨之比小于1∶50时,喷5%尼索朗1500倍液。

⑨采收后:防治对象是苹果树腐烂病、早期落叶病和其它越冬病虫。防治措施:

第一,用腐必清80倍液与腐植酸钠100倍液混喷树体。冬前树干涂白防冻伤。

第二,彻底清扫落叶并烧毁。

第三,树干上部和大枝基部绑草圈诱杀害虫、害螨,入冬后,解下烧毁。刮老翘皮,清除隐藏病虫。冬剪时剪除病虫枝梢。深翻树盘。

五、几种病害的防治

红富士苹果树的病、虫害也较多,但突出的是病害。在病害中,主要是:苹果粗皮病、苹果轮纹病和苹果斑点落叶病3种,给生产造成巨大损失,严重挫伤了果农栽培红富士苹果树的信心和积极性。为此,这里只着重介绍这3种病害的防治。

(一)轮纹烂果病及其防治

红富士轮纹烂果病是渤海湾果区(辽宁、河北、山东)、黄河故道果区(江苏、河南、安徽等省)以及近暖地苹果产区的重要病害。一般说,浙江、江苏、安徽、四川、云南、江西等省发病较重,而在北方(辽宁、河北、陕西、山西等省)较轻。在黄河故道,富士系是轮纹病的感病品种,已成为病害中的突出问题,比全国其它苹果产区都重。多雨年份,采收期烂果率20%左右,贮藏期可达30%~50%,严重时,可达60%。在河北省,据侯保林等报道,1980年以前,大约每5~6年流行一次;1980~1990年,每4~5年流行一次;1990年以来,1993~1994年连续大流行。有些果园果实有产无收。在辽宁省,以庄河、瓦房店等地红富士苹果受害最重。因此,该病常给生产造成巨大的经济损失。

1. **病状** ①枝干染病后,以皮孔为中心,形成扁圆形或椭圆形红褐色瘤状突起,直径3~20毫米。随着病斑的扩大和老化,病斑质地坚硬,并逐渐凹陷,颜色变深,呈黑褐色,边缘龟裂,次年病斑翘起剥落。严重时,许多病斑连成一片,树皮显得粗糙,枝干由下而上病瘤叠起,枝条慢慢枯死。②果实在近成熟期和贮藏期发病,其典型症状是以皮孔为中心,发生水渍状褐色小斑点,并以同心轮纹状向外扩展,病部表皮下逐渐产生小黑点。这些小黑点,在高温下,几天内可使全果腐烂,有酸臭味,病果腐烂后多汁,失水后变成黑色僵果。另一症状是由果实内部向外烂,果面上形成不规则的褐色云状病斑,果内大部果肉或全部果肉腐烂。

2. 病因与侵染规律 轮纹病菌是一种真菌,属半知菌亚门。病菌以菌丝体、分生孢子器及子囊壳在被害的枝干上越冬。菌丝体在枝干病斑上可存活4～5年。以2～3年菌丝体产孢能力最强。我国北方果区4～6月间产生大量分生孢子,随风雨传播,成为初侵染源。分生孢子从枝干和果实皮孔侵入,其传播距离不超过10米。渤海湾果区和黄河故道果区,枝干上5月上中旬开始出现新病斑。病菌潜育期14天左右。从谢花后的幼果,病菌便开始侵入,但不马上发病。此乃因果实内有0.7%的酚,能抑制病菌的活动,迫使病菌先在皮孔腔内潜伏。随着果实的发育,果肉含糖量增至5%～6%时,菌丝才能吸收营养,当酚的含量降到0.04%以下时,菌丝才开始活动。病菌散发高峰是6～8月份,形成大量病斑。如果条件适宜,病斑扩展很快,24小时内可完成侵染。几天之内就使全果大部腐烂。早期侵入幼果的病菌潜育期长达80～150天。而果实成熟期侵入的病菌,潜育期仅几天。因此,果实成熟期和贮藏期发病最重。轮纹病发病程度与以下因素有关:

(1)气候条件:幼果期高温多雨,病菌孢子散发量大,侵染频率高,发病也较重。如果果实成熟期高温、干旱,病害加重。

(2)高接砧树品种:红富士苹果树高接在不同的中间砧树品种上,其发病程度不同。以高接在国光苹果树上最抗病,接于元帅系苹果树上较易感病。

（3）**管理水平**：果园管理粗放，肥水不当，偏施氮肥，土壤贫瘠有机质少，结果过量，病虫害严重，树势衰弱的病害加重。采取配方施肥，多施有机肥（压绿肥、压草、覆秸秆），土壤有机质含量 1.5％以上的发病率低。

（4）**果实生育阶段**：在幼果期，抗病菌扩展而不抗侵染，后期果实抗病菌侵染而不抗扩展。因此，喷药重点应放在前期，一般在第一次春雨过后，气温达 20℃时，是防治关键时期。

（5）**土壤状况**：果园土壤粘重或瘠薄，地势低洼，通气不良，发病率则高。

3. 防治方法

（1）**增强树势，提高抗病力**：建新园时，要选用无病壮苗，精心栽植，保证幼树生长健壮。已建成的果园，要加强肥水管理，按科学配方施肥，重施有机肥，增加土壤有机质含量，以增强树势，减轻发病。

（2）**刮除病疣**：首先不用病区枝干作支柱，并及时处理修剪下来的病枝。

轮纹病初侵染源来源于枝干病疣。因此，刮除病疣是防治轮纹病的重要措施。在发芽前，彻底刮除枝干上的病疣、粗皮，然后涂刷托布津油（70％甲基托布津可湿性粉剂与豆油或其它植物油比为 1：10～15）；从发芽前开始，连续涂刷 2～3 次 35％轮纹病铲除剂 50～100 倍液加助剂（害立平）500 倍液。在缺乏上述药剂时，也可涂抹 40％福美胂可湿性粉剂 50 倍液（可加 1％～2％的平平加），或抹 50％退菌特，或其可湿性粉剂 50 倍液，或 5 波美度石硫合剂，或 2％硫酸铜溶液消毒，均有良好效果。

重病果园，刮除病疣后，于发芽前，喷布 1 次 40％福美胂可湿性粉剂 80～100 倍液（可加 0.5％～1％的平平加），或腐必清乳剂 100 倍液,效果显著。5～7 月份重刮皮,以清除病组织,减少侵染源。

(3)**果实套袋**:果实套专用纸袋是防治红富士苹果轮纹病的一种最为有效的方法。但套袋必须抢在 6 月 10 日前病菌初侵染前进行。由于套袋,生长期病果率一般可控制在 5%～10%,比常规防治的病果率可减少 20%～50%。

(4)**及时处理病果**:田间果实发病期间,经常检查病果,发现病果,应随时摘除并深埋。在条件允许时,采果 10 天后,将果实浸入 200～300 倍仲丁胺溶液中 1～3 分钟,然后入库贮藏,防病效果十分明显。在贮运过程中,发现病果,及时剔除。

(5)**药剂防治**:药剂保护的重点应放在前期:一是初侵染前,二是幼果期。应从落花后 5～7 天就要喷药保护果实,以后根据降雨次数和药剂种类,每 15～20 天喷 1 次,整个生长期内喷 3～6 次。目前用得较多的还是 200～240 倍石灰倍量式波尔多液。其防治效果比多菌灵、灭菌丹、甲基托布津、乙磷铝提高 1 倍以上,也比高脂膜、代森锰锌效果好。但考虑到后期用波尔多液会使果面留下药斑,也可将其与上述农药交替使用,并在药中加些粘着剂,以延长药效。除上述药剂外,有效的药剂还有退菌特、百菌净、多种铜制剂,这些药剂交替使用,效果较好。据侯保林报道(1995 年),为大幅度降低采收期烂果,可用 50% 多菌灵可湿性粉剂 800～1 000 倍液加 90% 疫霜灵可湿性粉剂 600～700 倍液,或 35% 轮纹病铲除剂 300～400 倍液,从发病初期开始,连续喷布 2～3 次,防治效果显著。另据邱同铎报道(1995 年),在黄河故道,落花后 10～15 天喷多菌灵,5 月下旬喷波尔多液,6 月中旬喷退菌特,以后每 15～20 天喷 1 次药。若与杀虫剂混用时,可用有机杀菌剂,如单用,还是应喷波尔多液。在喷福美胂和有机杀菌剂时,分别混入 1‰和 0.5‰的黄腐酸盐,可延长药效,提高防治效果。年喷药 6 次,多雨年份增喷 1～2 次,可将病果率控制在采收期 5%以下,贮藏期 15%以下。特别须指出,采前半个月,必须打 1 次防病杀菌剂,以降低贮藏期果实发病率。

据宋福波报道(1994 年),用下述方法防治轮纹病效果也很好(试验园片烂果率为 3%,对照园片为 23%左右)。具体做法:发芽前刮病疣,全树喷 1 次安索菌毒清 300 倍液;花前喷 1 次 50%复方多菌灵 700 倍液;花后 1 周,喷 1 次 70%代森锰锌 700 倍液;5 月下旬(花后半月左右)至 6 月中旬,连续喷 2 次 200 倍石灰三倍量波尔多液(间隔半个月);麦收后(7 月上旬)喷 1 次 50%复方多菌灵 700 倍液;此后,再喷 2～3 次杀菌剂,但不喷波尔多液,以防早期落叶病。该防病历主要抓前(早)期防治,这是一条重要经验。

另外,据王善普等报道(1994 年),于 5 月中旬、6 月中旬、7 月中旬各喷 1 次 800 倍 50%复方多菌灵胶悬剂加 400 倍 80%乙磷铝混合液,中期及 7 月后喷 200 倍倍量式波尔多液,全年共喷 8 次药,采收期轮纹病病果率只有 1%。所以抓前、中期防治,效果更佳,上述几例防治方法仅供参考。

关于防治苹果轮纹病药剂,由于砷制剂对环境污染严重,应改换更好的药剂。据周增强等研究(1995 年)结果表明,腐必清原油、柴油加五氯酚渗透剂铲除能力强,但应注意其对树皮的伤害;黄腐酸、黄腐酸盐是良好的增效剂;菌毒清、三唑酮、十三吗啉可替代砷制剂在果园中使用。

(6)贮果处理:采后将果实贮藏在 1～2℃条件下,可抑制发病。采后用仲丁胺 100 倍液浸果 1～2 分钟,捞出晾干入贮,防病效果良好。

(二)苹果粗皮病及其防治

1. **分布与危害**　苹果粗皮病是红富士苹果树的主要病害之一,它是一种因树体吸收过量锰和缺硼引起的生理病害。据辽宁省果树研究所调查(1983年),这种病害主要发生在辽宁省的沿海丘陵坡地(东沟、庄河、大连郊区、瓦房店、绥中、兴城等市县)。其发病指数为76.6%～100%,发病株率90%～100%,各地均较高。发病轻者,对树势和产量影响不大;发病重者,树势衰弱,不结果,甚至失去栽培价值。如兴城沙后所西关村果园,300株红富士苹果树,因粗皮病在栽后4～5年就相继刨掉。对生产危害很大。

2. **病因**　国内外资料都指出,粗皮病是由于树体吸收过量的锰而引起的(表3-10)。感病树的叶片中锰含量均在40ppm以上,健康树叶中锰含量都在35ppm以下。过量施锰后,长富2即染此病。据栾本荣报道(1983年),每盆施硫酸锰20克,叶中锰含量500ppm,发病极重;每盆施硫酸锰10克,叶中锰含量400ppm,发病重;对照区不施锰,叶片含锰118ppm,未发病。据谢福来等报道(1995年),葫芦岛一些果园叶分析资料与调查树体发病率的结果充分证明了上述结论。据国外报道,树体含锰量超过100毫克/千克时,就会发生粗皮病,随着锰含量的增加,发病加重。此外,土壤中钙含量也与粗皮病的发生有直接关系。因钙与锰有颉颃作用,钙可以把果树容易吸收的2价锰变为不能吸收的4价锰。所以土壤中含钙量多,就不易发生粗皮病。另外,土壤中硼的含量与粗皮病的发生也有关系,因硼在树体内也对锰有抑制作用。所以,缺硼时,粗皮病严重。粗皮病的发生还与下列因素有关:

表 3-10　苹果叶分析结果与粗皮病发生的关系

（谢福来等,1993 年）

取样地点	叶片锰含量(毫克/千克)	调查发病率
前所果树农场高接园	238	100
绥中县李家堡乡果园	138.2	100
兴城市沙后所镇果园	95.2	100
前所果树农场幼园	95.6	58.9
绥中县沙河乡宋家沟果园	193	29
兴城市南大山乡果园	133	23.3
连山区徐家沟果园	52.7	20.2
建昌县毛杖子果园	44.8	0
建昌县平方子果园	31.5	0
南票区二佛村果园	38.2	0

（1）红富士高接砧树的品种:红富士接在中间砧鸡冠、红玉、国光等品种树上,粗皮病发病指数较低,3 个品种分别为 14.8%、25.0% 和 22.0%。高接在元帅系及祝光、青香蕉等品种树上,发病指数较高,分别为 43.0%,41.6% 和 100%。发病指数高与叶中锰含量高有关,如高接在祝光上,其叶中锰含量为 42ppm;高接在旭上,锰含量为 91ppm;高接在鸡冠和国光上,各为 20ppm 和 26ppm。可见,不同中间砧树对红富士品种选择吸收锰是有显著影响的,因此,发病程度大不一样。

（2）土壤物理性质:在土壤质地粘重、排水不良、土壤偏酸、低洼地、贫瘠山地条件下,易发生粗皮病;而在土质疏松、排水良好、土壤微酸条件下,则不易感染此病。

（3）树势:树势强的病害轻,树势弱的病害重。高接树比栽植树严重,结果树比未结果树严重。

（4）物候期:从全年发生期看,虽然 4～10 月份均可发病,但以 7～8 月份为发病高峰期。

（5）品种:从渤海湾果区的调查结果看,红富士最重,其次是红星、元帅、青香蕉、倭锦,以国光和金冠发病较轻。

(6)施肥种类:连年大量施用无机肥果园发病重,大量施有机肥的果园发病轻。

3. 病症 幼树和成龄树均可发病。一般发生在骨干枝和1年生新梢上,但以主干和5～6年生枝上较多。据谢福来等研究观察,病症分4期表现:

(1)粒点期:最初发病是在枝条的皮孔部位冒出许多小粒点,直径1毫米以下,稍微突起。

(2)泡疹期:随枝龄增加,小粒逐渐扩大成泡疹状,表面突起1～2毫米,病斑直径3～5毫米,在2～3年生枝上居多。这些小病斑逐渐扩大至表皮破裂,外翻,呈米花状。

(3)凹陷期:当病斑直径扩大到5～10毫米时,中间凹陷,呈圆形或扁圆形,皮层坏死,部分韧皮部变暗褐色。主要分布在3～5年生枝上。

(4)粗糙期:许多病斑扩大连接起来,皮层变为暗褐枯斑,表面呈纵横裂纹,韧皮部死亡一部分或全部,出现粗皮状;剥去病皮,内侧有黑色坏死点。粗皮病后期症状与轮纹病难分。粗皮病在红富士树上主要有两种:一种是发病前期突起明显,后期病斑呈米花状,高达3～5毫米;另一种是发病前期呈连片状小突起,后期病斑纵裂连片,高1～2毫米。

4. 防治方法

(1)改良土壤:栽树前在园内施用石灰,以中和土壤酸性,粘重土壤掺砂,可增加土壤通透性。建园前,深翻改土,熟化土壤,大量增施有机肥,以减少2价锰的含量。

(2)选择建园:易感粗皮病地区,最好直接栽红富士建园,不搞高接换种;必须高接换种时,尽可能用抗性强的中间砧品种。

（3）增施钙、硼肥：施肥时，可选用过磷酸钙、硅钙镁复合肥及钙镁磷肥。根据随土壤酸度的提高而活性锰含量增加的特点，对发病园，除不施生理酸性肥料外，还要利用生石灰、消石灰、碳酸钙等石灰质肥料，以中和酸性。在增施有机肥时，掺入适量硼砂，也可叶面多喷几次磷酸二氢钾（浓度 0.3％）。据前所农场等试验，用锦西化工厂生产的硅钙镁肥，红富士处理树比对照病疤愈合率提高 19.6％～34.8％。

（4）加强土壤管理：土壤过湿和通气不良都会加剧病情。因此，应注意雨季排水。此外，坚持每年深翻熟化土壤，大量施用有机肥，少用或不用化肥，促进土壤理化性质的改善，从而减轻发病。

（5）保持健壮树势：除上述措施外，要严格疏花疏果，保证适量结果；每年修剪时，掌握好修剪程度，不宜修剪过重或断根太多，对先端枯死或病皮龟裂严重的病枝要细致剪除，以新枝、强枝、健康枝取而代之。

（6）加强药剂防治：用石硫合剂涂抹病部防治效果较好。用 5 波美度石硫合剂或原液涂抹，能增加树体的含钙量，且可防止其它病菌侵染。在春夏秋三季涂几次，效果良好。据司占发报道（1995 年），先将麻袋、布绕树干铺好，后用刮刀将枝干上粗皮、病皮刮到韧皮部，切忌露出木质部，细致操作，保持内皮光滑。刮皮后，立即用 10 度硫黄水（即石硫合剂）涂抹。将麻袋、布接着的病皮移出园外，烧掉或喷杀菌剂后深埋。4 月上旬至下旬刮后，当年 7 月份基本愈合。防治效果达 100％。

（三）苹果斑点落叶病及其防治

1. **分布与危害**　该病在渤海湾、黄河故道地区大部分果园发生日趋严重。近年，在西北黄土高原果区也有零星发生，但程度较轻。据区中美等报道,在宁夏黄灌区,红富士苹果树是苹果斑点落叶病的感病品种,病叶率达 30%～39%,但每叶病斑较少(1～2 个)。该病严重时可导致早期落叶、落果,第二次发芽、开花,严重削弱树势,降低产量和品质。

2. 病因 该病是由苹果链格孢菌的细链孢苹果专化型所致。病菌分生孢子和菌丝在无伤条件下可以侵入叶片,潜育期 3～5 天,夏季高温(28℃)季节潜育期在 24 小时之内。该病菌主要侵染红富士幼叶,发病早、扩展快、再侵染多。病菌分生孢子和菌丝的发育适温为 25℃～28℃、湿度 98%～100%,如果温度降至 15℃以下、相对湿度在 84%以下时,则表现不良。

3. 症状 该病主要为害叶片,也能为害嫩梢和果实。发病初期,嫩叶上出现褐色至暗褐色圆形斑点,有的呈不规则形,直径 2～3 毫米,后扩大为 5～6 毫米。细看病斑红褐色,边缘紫褐色,有时中央有一深褐色小斑点,其外围有一深褐色环纹,状如鸟眼。天气潮湿时,病部正面及背面出现黑色霉状物。此乃病菌的分生孢子梗及分生孢子。发病中、后期,一些病斑扩大为不规则形,中央部分多呈灰色至灰褐色,其上散生数个小黑点,此为二次寄生菌的分生孢子器。夏季高温多湿时,病斑迅速扩大,往往多个病斑连片,形成不规则形褐色大病斑,长达几十毫米(有时出现穿孔),重的叶片焦枯早落。夏秋季节叶柄受害,发生椭圆形暗褐色病斑,稍凹陷,叶片变黄脱落。秋梢嫩叶染病严重,一片叶上,往往出现数十个病斑,许多病斑连在一起,使叶尖干枯,叶片扭曲、畸形、破裂穿孔,叶片残缺、干枯、早落。内膛 1 年生枝、徒长枝多以皮孔为中心,皮目突起,芽周变黑,凹陷坏死,边缘龟裂。

幼果染病,多以果点为中心,从幼果至成熟期均能受害。幼果染病时,先在果面上形成小斑点,褐色、圆形,直径 1～3

毫米,有的达5毫米以上。7～8月染病时,以果点为中心,形成灰褐至黑褐色斑点。快成熟果被害,多为黑色褐变型。有的斑点外有一圈红晕。有时果心染病,成为霉心病的一种病原。

4. 发病规律 病菌以菌丝体在病叶、枝条病斑、芽鳞和皮孔中越冬。次年春,苹果开花前后,由于温湿度适合,便形成大量分生孢子,借风雨传播,成为当年病害的初侵染源。病菌经叶片气孔、绒毛、角质层等部位直接侵入。一般花前就有较多孢子传播,5月中旬就始见极少数侵染的褐色病斑,直径0.1～0.2毫米。5月下旬,病斑大量增加,早形成的病斑直径扩大到2～2.5毫米。6月上中旬,由于田间湿度大,多数早形成的病斑能够产生孢子,即当年田间再侵染菌源。7月上中旬孢子量出现第一次高峰。由于秋梢嫩叶大量染病,秋梢受害最重。9月份病发展趋缓,10月上旬前后,孢子量又出现第二次高峰。据王金友等观察,在辽宁兴城条件下,5月中旬左右出现病斑,5月末至6月份病斑增多,7月10日至8月下旬为发病盛期,重病园8月中旬后大量落叶。在青岛地区,落花后即见病叶,6月中旬发病剧增,8月上中旬开始大量落叶。斑点落叶病的发病与下列因素有关:

(1)温湿度:发病情况与降雨密切相关,阴雨天多,降雨量大,该病则发生早、病势重、发病期长,受温度影响则较小。据游来明等报道,5月上中旬,平均气温在20℃左右,1次降雨量或连续降雨在10毫米左右时,即构成了苹果斑点落叶病发病的条件,而发病的早晚与此期降雨早晚有密切关系。

(2)品种:对苹果斑点落叶病的抗病性,各品种间差异较大,据游来明等在北京地区调查,红星、青香蕉、倭锦、富士等品种感病较重,其次是金冠、国光,而早熟品种祝光、伏花皮比较抗病。从感病品种叶片状况上,只看到叶背绒毛多的,感病重,因为这种叶子有利于保温,也有利于病菌孢子附着,从而增加了病原菌对叶片的感染机会。

(3)树势:树势强,发病轻;树势弱,发病重。在同一株树上,枝势强发病轻,枝势弱发病重。嫩叶极易染病,展叶 20 天后,病菌侵染困难。

5. 防治方法

(1)清除菌源:落叶后至发芽前,清除落果,剪除病枝,集中处理,减少菌源。

(2)增强树势:加强树体管理,增施农家肥,克服大小年,通过修剪,改善个体与群体通风透光条件,创造不利于病害发生的温湿度条件,同时提高树体自身的抗病能力,是防治该病害的基础条件。

(3)药剂防治:①5月中下旬至8月中旬为喷药保护期。目前,常用的药剂:波尔多液、多菌灵、退菌特等对防治该病效果很差。据青岛等地试验,认为对该病防治效果较好的药剂和浓度是:10%多氧霉素 1 000～1 500 倍液,或 50%扑海因 1 000～1 500 倍液。在施药过程中,病菌对上述两种药易产生抗药性,可与波尔多交替使用。在发病盛期前和发病盛期喷2～3次上述药剂,均有良好的防治效果。在无上述药剂时,也可用 90%乙磷铝 1 000 倍液,或 20%敌菌酮 300 倍液,或75%百菌清 800 倍液与波尔多液交替喷布,效果也可以。②当5月份一次降雨 10 毫米左右时,应立即喷药防治。可喷宝丽安1 000倍液两次。据游来明报道,防治效果在 91.4%～93.0%。用于秋梢防治也可收到较好的效果。后期防治果病及保护叶片,用宝丽安与波尔多液交替使用,但第一、二次药必须使用宝丽安,以保护春梢叶片,只有这样,才能取得较好的效果。该药(宝丽安)属抗菌素类杀菌剂,对人畜无毒,对植物安全,有利于生产"绿色食品"。③在斑点落叶病药剂防治试验中,据区中美报道(1995年),乙磷铝锰锌防病效果最好,平均防效达到79.1%～82.4%;其次是代森锰锌,平均防效为75.6%～79.6%;乙磷铝平均防效为68.4%～70.9%;病毒清平均防效为69.5%～73.2%。结果表明这4种常用药对苹果斑点落叶病都有较好的防治效果。④在沙滩果园,应于花前4～5天,对全园喷洒广谱性杀菌剂,保护第一批老叶,5月下旬喷50%扑海因1 000倍液,重点保护春梢叶。6月上旬喷1:2:180倍波尔多液;6月下旬、7月中旬各喷1次10%宝丽安可湿性粉剂1 000倍液;采收前,全园喷1次除波尔多以外的杀菌剂,以减少越冬病源。⑤据付学池等报道(1995年),在连续4年田间试验中,319菌株对该病有明显的防病效果。单用或与其它有促进生长作用的菌株合用,处理病情指数可减轻60%～70%以上,落叶明显减少,叶色较绿,果实着色好,效果较稳定。大面积应用时,于开花前喷施1次,落花后喷2～3次(间隔20～30天),可以控制斑点落叶病不致成灾。319菌株是一种芽孢杆菌,可与微肥、激素、化学农药(杀细菌剂除外)等混喷。无污染和无残留,又可促进生长,改进品质,有利于无公害果品的生产。

六、提高树体抗寒性

大量生产实践证明,红富士苹果树比国光、元帅系的抗寒性差。因此,在其栽培北界附近,常遇寒流侵袭,冬季温度过低,或早春剧烈变温,常有抽条和冻害发生。即使是中部(黄河故道)果区,11月中旬如遇到几十年未遇的低温寒流(−17℃

左右），也会发生冻害,造成苗木和幼树受冻、死亡,给苹果生产带来难以弥补的损失。北方苹果产区一般有寒害周期(5年轻冻,10年大冻),应引起足够注意,搞好预防措施,将生产损失降到最低限度。

（一）抽条及其预防

抽条又称生理干旱或冻旱,是指幼树越冬后枝条干缩、死亡的现象。这在华北、东北、西北部干旱、春风大的果区,常有发生,而且有时相当严重,尤其2～3年生红富士树受害最重。幼园受害后,植株参差不齐,严重的大部死亡,全园报废。

1. 抽条症状　先从枝条成熟度差的枝条顶部开始,逐渐向下抽干。外观上无斑痕,只是枝条干枯、皮皱,而组织并不变色。春季萌芽期,芽子不能萌发。

2. 抽条原因　红富士幼树枝条在越冬期含水量下降,严冬期束缚水含量低,持水力较弱;由于淀粉和蛋白质水解作用变弱,可溶性糖快速降低,不利于原生质胶体的水合作用。另外,红富士枝条单位面积表皮上皮孔多、皮孔大、角质层不发达、类脂物积累少,越冬期易失水。这些生理解剖特性是造成其容易抽条的内部原因。从环境条件来说,冬末春初,天气转暖,树体上部枝条解除休眠,开始较强的生命活动(蒸发水分、呼吸作用等),而根系仍处于冻结或低温状态,不能吸收水分或吸收的水分不能满足树体大量蒸腾的需要,所以枝干会出现皱皮、干缩、死亡。这种现象首先从成熟度差的1年生枝顶端开始,渐及粗的枝干,一般称为越冬抽条。

3. 预防措施

(1)适地建园:根据各地区划,大面积发展红富士,只能在元月份平均气温-10℃线以南地区,或考虑温量指数在85℃

以上的地区栽植。至于小范围发展,可选择小气候好、背风向阳、地下水位低、土层深厚、土质疏松的地段建园。不宜在阴坡、高水位、瘠薄地建园。

(2)选用抗寒砧木:一般说应选用山定子、海棠、陇东海棠、西府海棠、倒挂珍珠等抗寒性强的砧木,红富士树的抗寒性也会相应提高。

(3)保持中庸健壮:栽后前5年,幼树抽条率高。为此,对幼树应合理施肥、灌水,前促后控,控制氮肥,增施磷、钾肥,以农家肥为主,化肥为辅。适时适度环剥,控制营养生长,应用植物生长调节剂,如早春土施或6月上中旬喷1 000~1 500毫克/升的多效唑;若8月中下旬秋梢太旺,视树势再喷1次600~1 000毫克/升的多效唑,可促使秋梢停长。据苏荣存报道(1994年),1993年春,山东省德州几个果园3年生红富士新梢抽条率高达51.6%,而上年8月中旬喷1 200毫克/升多效唑的果树,新梢抽条率降低31.2%。通过综合措施,1~3年生树,外围长枝以70厘米左右为宜,长枝率占30%以上较好。盛果期树,要保持中庸偏强,外围枝以40厘米左右为宜,长枝率占15%左右、短枝率70%左右较好。弱树细弱枝多,越冬抽条严重,要减少刻剥次数或不刻剥,以利恢复树势。

(4)防护措施

①羧甲基纤维素(CMC防冻保水剂):北京市顺义县林业局在红富士苹果幼树上连续几年喷布羧甲基纤维素,防止抽条效果可靠而稳定。其喷布时间在2月20日和3月10日,喷布浓度为100~200倍液,植株无一抽条,完好率达100%。山西省榆次市北田镇豆腐庄杨成全用50倍羧甲基纤维素涂抹枝干,效果也很好。

②保水剂:是一种石蜡乳化液,喷到树上,形成一层既能

防止水分蒸发,又不影响枝条正常呼吸作用的白色保护膜。其喷布时期是 11 月中下旬和 3 月份。喷布浓度为 5～10 倍液。对于 1～3 年生幼树,防抽条效果较好。发芽前喷布比落叶后喷布效果更好,与对照相对比,抽条指数平均分别降低 27.80％和 22.03％。另据李淑珍报道,2 年生红富士苹果树落叶后喷洒保水剂原液,抽条指数可降低 22.25％,发芽前喷洒可降低 22.61％。落叶后喷洒保水剂 5 倍液,可降低抽条指数 12.62％～14.79％,枝条冻害指数可降低 11.94％。发芽前喷保水剂 5 倍液,可使枝条冻害指数降低 8.64％。落叶后喷布保水剂 7.5 倍液,可降低枝条冻害指数 12.13％。发芽前喷布保水剂 7.5 倍液,可降低抽条指数 15.19％～17.93％,降低枝条冻害指数 10.97％。此外,以保水剂 10 倍液喷洒 1 年生红富士苹果苗,可提高成活率 11.25％。喷布保水剂 20 倍液,可提高成活率 6.63％。

用保水剂 5 倍液涂抹苹果高接接穗的顶部,可提高嫁接成活率 3.26％。以保水剂原液涂顶,可提高成活率 8.14％。以保水剂 5 倍液涂抹接穗的全部,可提高成活率 13.41％。以保水剂原液涂抹全穗,可提高成活率 21.78％,并可提早发芽 7～10 天。这种保水剂喷到树上后,可形成一层白色保护膜,落叶后喷洒,可存留 70～80 天;发芽前喷洒,可存留 25 天;涂抹接穗可存留 20 天,以后风化为白色粉状物,无毒害。

③高脂膜:对防抽条也有一定效果。北京市房山区在 2 月中旬至 3 月中旬,对富士苹果幼树喷 2 次 200 倍高脂膜,取得了较好效果。

④树干涂白:对防止抽条仅起一定作用。涂白剂配方:生石灰 5 千克、食盐 0.5 千克、水 15 千克左右、细豆面 0.25～0.5 千克或 600 倍"6501"粘着剂。配制法:将生石灰、食盐放

入缸中,后倒入水,待石灰熟化后,再倒入粘着剂,搅匀后可用。涂枝干时,要注意枝、干南面要涂周到均匀。

⑤缠塑料膜条:栽后1～2年生树,枝条少,可用2～3厘米宽的塑料膜条缠严,效果相当明显。

⑥埋土:新栽幼树入冬前,可顺地面弯倒埋土,防抽条效果可靠。

⑦覆地膜:在早春地未化冻前,用1平方米左右大小的地膜,覆盖在树盘上,以增温促进根系活动,消除生理干旱现象。

⑧培土埂:在入冬前,于树干西北方向修筑一个半月形土埂,土埂高度30～60厘米。距树干50～80厘米。

⑨营造防风林:在迎风面营造果园防风林,以降低风速,减少蒸发,保护果树。

⑩早春增温:如顶凌刨园,勤锄地,盖地膜,以促进根系活动,增加吸水量。

⑪灌水:春、秋干旱地区,封冻前灌1次封冻水;早春解冻前,灌1次解冻水,为不影响地温,应于3月初前灌完。

(5)抽条树的管理:萌芽后,剪除已抽干枯死部分。下部潜伏芽易抽生许多徒长枝,应从中选位置好、方向合适的留下,培养成骨干枝,以恢复树冠。具体做法是:

对于1年生枝、部分骨干枝和中央领导干上部抽死的,在萌芽时,从健部剪掉抽干部分,伤口涂保护剂,以减少水分蒸发。以后从枝干上萌生的旺梢,应于30～50厘米时摘心,以促生副梢,迅速恢复树冠,抑制再度旺长。在抽梢恢复的当年,应控制氮肥和大量灌水,以防再次抽条。对于从根颈以上抽干的树,除需从树干锯除上部外,待从下部齐地面萌生许多徒长性新梢后,选其中2～3个旺梢加以培养,余者疏除。夏季从中再选留1个中央领导梢,对其余几个新梢进行连续摘心,以控制其生长。当幼树按细长纺锤形整形时,对中央领导梢可不必摘心,令其自然单轴延伸,以长成粗壮的领导干,其上部秋季可能发生 3～4 个副梢,应及时去掉,保持领导梢直立向上,坚强有力,对于中、下部的较弱副梢,角度又好的,可令其自由生长。这样处理后,整成的细长纺锤形较为理想。如果是整成小冠疏层形,可在 70～80 厘米高度,对中央领导梢进行摘心,以促发分枝(以后的主枝)。其余新梢经过连续摘心控制,可保留1～2 年,待主干伤口愈合后,便可疏除。

(二)冻害及其预防

1. 冻害症状　红富士苹果树不同部位和器官的耐寒力不同,一般枝干髓部耐寒力最差,皮层、形成层的耐寒力依次增强。苹果树枝干冻害,包括冬季绝对最低温度太低造成广泛性冻害和晚秋、早春温度剧变所造成的形成层冻害两种。

多年生枝冻害,多为皮层局部冻伤,死组织下陷,变褐。在多年生枝基部或枝杈间,因其组织抗寒性差,最易受冻,表现为皮层和形成层变褐,而后干枯凹陷,与健部界限明显。主干受冻严重时,树皮纵裂,皮部分干枯翘起,或沿裂缝向外卷折,逐渐枯干死亡。

1 年生枝冻害,表现为自上而下脱水、干枯,但皮层和木质部很少变色,但髓部变褐。

花芽受冻,多在春季转暖期受冻后发生。受冻花芽表现芽鳞松散,甚至干尖。萌芽后,芽不萌发,逐渐干枯死亡,或微弱萌发,不能开花抽梢。

根颈受冻表现为皮层、形成层变褐、腐烂,树皮易剥离,严重冻害时,全树死亡。

2. 冻害原因　冻害是指休眠期受零下低温的影响而引

起的伤害。发生冻害的原因,除品种抗寒性弱以外,一般是入冬前树体内营养物质贮藏不足,秋季新梢结束生长晚,组织不充实,没经过抗寒锻炼,抗寒性弱,抵御不了冬季低温的侵袭,因而受害。但不同部位受冻原因也不一样。

(1)枝干冻害:常因冬季太冷,绝对最低气温降到-25℃时,使枝干发生一定程度的冻害;当最低气温降到-30℃时,则发生严重冻害。最低气温降到-35℃时,则全树被冻死。主干皮层冻裂的原因是由于气温急剧降至零下,树皮迅速冷却收缩,造成主干树皮内外张力相差悬殊,因而由外向内开裂。冻裂多发生在夜间,随气温转暖,还可逐渐合拢。

(2)根颈冻害:在一株树上,以根颈停止生长最晚,开始休眠最迟,而解除休眠和开始活动又早,在突然降温时,根颈尚未进入休眠,加上近地表变温剧烈,所以最易受冻。

(3)花芽受冻:花芽是全树抗寒力最弱的器官。其分化越完善,抗冻性越差。花芽活动与萌发越早,遇早春回寒,就越易受冻。苹果花期受冻的临界低温:花蕾期为-3.85~-2.8℃;开花期为-1.6~2.2℃。

3. 防冻措施　①红富士系应在1月份平均气温-10℃以南地区栽培;在-10℃线以北地区,要选小气候好、不易发生冻害的地段栽植,或用砧木建园法栽植。②控前促后,提高抗寒力,其措施同防抽条措施。

4. 受冻树的管理

(1)受冻树的嫁接处理:①树干全部受冻,根系完整无损的,可齐地面锯除地面以上部分。3月底至4月初,用劈接、皮下接法重新嫁接。视树干粗度嫁接1~4个接穗。每穗留3~5个芽;如果是1~3年生幼树主干受冻,可平茬再发,留下1个萌枝,重新培养成一株树。②树干好皮占一半以上的树,在受冻一面桥接 1～3 根接穗;如果受冻面在一半以上,必须重新嫁接。③受冻红富士苗,如果是品种部分受冻,可平茬再发;嫁芽存活的照常剪砧。④重新嫁接树的管理。当新梢 30 厘米长时,抹芽、解绑、立支柱。将来从中选一强壮的培养树冠。长到 75 厘米时,定干摘心,当第二次梢长到 50 厘米时,再次摘心。其余枝 50 厘米长时摘心控长。

(2)部分受冻树的管理:①防止腐烂病大发生。发芽前,喷100 倍福美胂或 100 倍多效灭腐灵。发芽后刮去冻死的树皮,涂 843 康复剂。生长季每半月 1 次用治疗腐烂病的药剂,对枝干基部消毒 1 次。②展叶后每 7～10 天喷 1 次 0.5% 尿素,连喷 4～5 次。其中加喷光合微肥、叶面宝、喷施宝、林果宝等。③尽量减少伤口,防止水分散失。以轻剪为原则,除剪除冻死枝外,缓放一部分枝条,延长枝回缩到抽出旺枝的部位。

(3)芽子受冻树管理:顶芽、侧芽全部受冻,应加大肥、水供应,促进隐芽、副芽萌发,重新培养枝组。

(4)病虫害防治:加强病虫害防治,保全叶子,增加光合产物,重建树体。

(三)霜害及其预防

一些北方苹果产区,多属大陆性气候,冬、春温度变幅很大,春季气温回升较快,但时有寒流袭击,气温骤然下降,便出现霜冻。

1. 苹果树霜冻的原因 苹果树生长开始后,抗寒力下降。花蕾期低温极限大致为 $-2.8℃$,花期 $-1.7℃$,幼果期 $-1.1℃$,达到这种低温,苹果树即受霜冻危害。

2. 霜冻的预防措施

(1)选择园址:因为一般冷空气容易沉积在低洼、闭合谷地,造成霜害。所以,应避开地下水位高、低洼地、排水不良地,改在山岇丘陵、倾斜地和阳坡地栽树,空气流通,霜冻机遇少。

(2)延迟发芽,躲避霜冻:①春季多次灌水或喷灌,可显著降低地温,延迟发芽。发芽后至开花前再灌水2～3次,一般可延迟开花2～3天。霜前灌水可预防和减轻霜冻。有条件的采用喷灌,或喷0.5%蔗糖水,水遇冷结冰,放出热能,保护树温缓慢下降。若喷0.5%蔗糖水,防霜效果更好。②果树枝、干涂白,可延迟萌发、开花3～5天。③喷生长抑制剂,越冬前或萌芽前,树冠喷布萘乙酸甲盐(250～500毫克/千克)溶液或顺丁烯二酸、酰肼、M·H 0.1%～0.2%溶液,可抑制萌动,推迟开花期3～5天左右。④萌动初期喷0.5%氯化钙后,可延迟花期5天。⑤利用腋花芽结果,腋花芽属第三批花,一般比顶花芽晚开花2～4天。在顶花芽花受霜害时,利用腋花芽结果,也可取得丰收。

(3)加热器:加热器多数为锥形,由储油罐、燃烧室和烟道组成。利用烧柴油放热和发烟。霜冻前,点燃发烟加热,每小时燃油3千克,每公顷60～90个,可升温4℃左右。

(4)熏烟:熏烟防霜,是利用浓密烟雾防止土壤热量的辐射散发。这种方法只能在最低温度不低于－2℃的情况下才能应用。发烟物可用防霜烟雾剂,效果很好。其配方通常是:硝酸铵20%～30%,锯末50%～60%,废柴油10%,细煤粉10%。这些材料越细越好。按上述比例配好后,装入纸袋或容器内备用。发烟物也可用作物秸秆、杂草、落叶等能产生大量烟雾的易燃材料。准备熏烟堆时,先立好木桩,再与其呈十字横放一根木桩,再将备好的发烟材料干、湿相间堆放在木桩周围。最后,在烟堆的上面盖一层薄土。烟堆一般高1～1.5米,堆底直径1.5～2米。1公顷果园45～60堆便可。点烟时,将两根木桩抽掉,用易燃材料放入近地面的孔内点燃。根据当地天气预报,当气温降到2℃时,即应点燃,如果烟堆燃烧太旺,可加盖些土,促其熄火发烟。

为了准确测报霜冻来临的时间,应于果园低处设自动测温报警装置。在开花期,观测地面以上不同高度的气温,据此再结合天气预报,决定是否采取上述防霜措施。

(5)吹风机:在果园四周均匀安置数台吹风机,以搅动果园里滞留的冷空气,也有良好的防霜效果。具体做法是:在水泥底座上,竖立高约10米的粗钢管,于其顶部装一水平旋转的大螺旋装置。由内燃机驱动,每台机可保护3～4公顷果园。霜冻前,果园下部气温低,上部气温高时,开动机器,使上下空气混合,从而提高果树树冠气温,达到防霜的目的。

(6)提高坐果率:对受冻或部分受冻的花,进行人工授粉,同时喷0.5%蔗糖水加0.2%～0.3%的硼砂,或喷0.2%的钼肥,均有减轻霜冻危害和提高坐果率的作用。据辽宁省葫芦岛市前所果树农场报道(1995年),在红富士苹果盛花期喷布300倍坐果剂(天津化工研究院提供),以清水为对照,结果表明,处理树的花序坐果率和花朵坐果率分别为32.8%和6.6%,对照分别为16.0%和3.2%,坐果剂效果明显。

在霜害重年份,花前、花后多施肥料,保证营养、水分供应,树势健壮,可显著减轻霜害影响,增加坐果,夺取丰收。

金盾版图书，科学实用，
通俗易懂，物美价廉，欢迎选购

果树薄膜高产栽培技术	5.50 元	果品优质生产技术	8.00 元
果树壁蜂授粉新技术	6.50 元	果品采后处理及贮运保	
果树大棚温室栽培技术	4.50 元	鲜	20.00 元
大棚果树病虫害防治	16.00 元	果品产地贮藏保鲜技术	5.60 元
果园农药使用指南	14.00 元	干旱地区果树栽培技术	10.00 元
无公害果园农药使用		果树嫁接新技术	7.00 元
指南	9.50 元	落叶果树新优品种苗木	
果树寒害与防御	5.50 元	繁育技术	16.50 元
果树害虫生物防治	5.00 元	怎样提高苹果栽培效益	9.00 元
果树病虫害诊断与防治		苹果优质高产栽培	6.50 元
原色图谱	98.00 元	苹果新品种及矮化密植	
果树病虫害生物防治	11.00 元	技术	5.00 元
苹果梨山楂病虫害诊断		苹果优质无公害生产技	
与防治原色图谱	38.00 元	术	7.00 元
中国果树病毒病原色图		图说苹果高效栽培关键	
谱	18.00 元	技术	8.00 元
果树无病毒苗木繁育与		苹果高效栽培教材	4.50 元
栽培	14.50 元	苹果病虫害防治	10.00 元
果品贮运工培训教材	8.00 元	苹果病毒病防治	6.50 元
无公害果品生产技术	7.00 元	红富士苹果高产栽培	8.50 元

以上图书由全国各地新华书店经销。凡向本社邮购图书或音像制品，可通过邮局汇款，在汇单"附言"栏填写所购书目，邮购图书均可享受9折优惠。购书30元（按打折后实款计算）以上的免收邮挂费，购书不足30元的按邮局资费标准收取3元挂号费，邮寄费由我社承担。邮购地址：北京市丰台区晓月中路29号，邮政编码：100072，联系人：金友，电话：(010)83210681、83210682、83219215、83219217(传真)。